JORNADAS 135

CENTRO DE ESTUDIOS LINGÜÍSTICOS Y LITERARIOS

ENSAYOS DE TEORÍA SEMÁNTICA: LENGUA NATURAL Y LENGUAJES CIENTÍFICOS

Luis Fernando Lara

Jornadas 135

EL COLEGIO DE MÉXICO

412
L328e

Lara, Luis Fernando.
Ensayos de teoría semántica : lengua natural y lenguajes científicos / Luis Fernando Lara. -- México : El Colegio de México, Centro de Estudios Lingüísticos y Literarios, 2001.
261 p. ; 16.5 cm. -- (Jornadas ; 135)

ISBN 968-12-1015-8

1. Semántica. 2. Semántica (Filosofía). 3. Lenguaje y lenguas -- Filosofía.

Portada de Ezequiel de la Rosa Mosco

Primera edición, 2001

ISBN 968-12-1015 8 (versión original)
978-968-121-015-1 (versión facsimilar)

Impreso en México / *Printed in Mexico*

ÍNDICE

Para Lily,
cuyos trazos en la playa persisten en la memoria.

Cuánto de lo que hacemos consiste en cambiar
el estilo del pensamiento; y cuánto de lo que hago
consiste en cambiar el estilo del pensamiento;
y cuánto hago para convencer a los demás,
de cambiar su estilo de pensamiento.

Ludwig Wittgenstein
"Vorlesungen über Ästhetik", 1938

PRÓLOGO

En este libro, que reúne ocho artículos que he venido publicando en diferentes lugares, ensayo maneras de plantear tres cuestiones de la semántica, tanto lingüística como filosófica, que me parecen fundamentales: la naturaleza del signo lingüístico, la relación entre significado y experiencia del mundo, y la relación entre la lengua ordinaria o natural y los lenguajes científicos. Ninguna de las tres es nueva, sino que corresponden a preguntas que siempre nos hemos hecho; pero en vez de repetir las mismas respuestas de siempre, lo que busco es renovarlas a la luz de los conocimientos que nos depara la lingüística contemporánea. Pocos lingüistas y filósofos han reparado en la importancia de la concepción del signo lingüístico de Ferdinand de Saussure; pocos se han dado cuenta de que Saussure, al buscar una definición inmanente de su objeto de estudio, el signo, rompía de raíz con la tradición filosófica que lo concebía como una asociación a posteriori entre un concepto previamente alojado en la mente y un soporte sonoro o gráfico, y postulaba la necesidad de objetivarlo como una unidad inseparable entre *significado* y *significante*. Sobre todo, casi nadie reparó en las consecuencias que tal manera de pensar el signo podría tener para comprender mejor la capacidad humana de significar.

La definición saussureana de la naturaleza del signo lingüístico dio a la ciencia del lenguaje un objeto específico de estudio: fundó en ella la necesidad de una consideración inmanente de las lenguas, en vez de seguir mirándolas como vehículos accidentales del pensamiento; esa fue la ganancia para la lingüística moderna, que en estos ensayos me propongo reivindicar. Pero al desarrollar tal inmanentismo, el estructuralismo —legítimo heredero de Saussure— siguió un derrotero que lo empobreció y terminó por impedir que comprendiéramos que, si la lingüística necesita partir de la inmanencia de su objeto para constituirse, ello no implica que la relación entre los signos y la experiencia del mundo tenga que clausurarse. Con el estructuralismo esa relación se volvió *científicamente* ininteligible. Las lenguas se convirtieron en sistemas autocontenidos de signos. Para superar esa clausura, una de las enseñanzas de la lingüística contemporánea que he tratado de articular con la herencia saussureana es, precisamente, la recuperación de *lo significado* en el signo; es decir, la reconstrucción de la experiencia humana del mundo en el proceso de la significación verbal, a partir del acento contemporáneo en los procesos cognoscitivos.

Otra perspectiva de estos ensayos consiste en que, sobre la base de una crítica al estructuralismo (y al chomskyanismo), empeñado en la admiración de la sistematicidad de las lenguas y el desdén por sus "fragmentarias" y "agramaticales" realizaciones, se recupera el acento en la realidad de las lenguas como hechos dialógicos, es decir, como medios de comunicación entre individuos reales, a partir de ideas que, ciertamente, han dado lugar a ese haz confuso de tendencias que hoy en día llamamos "pragmática", pero que no por ello dejan de valer para comprender mejor lo que es hablar una lengua. El "pragmatismo" en el que me baso proviene de una de las lecturas contemporáneas del segundo Wittgenstein, nutrido por la Escuela de Constanza y por la filosofía de la acción comunicativa de Jürgen Habermas. Una "pragmática radical", como la llama Friedrich Kambartel, no el cajón de sastre en donde otros "pragmatistas" depositan todo lo que no pueden explicar en el formalismo sintáctico y semántico.

Por último, con la misma intención de reconocer la realidad de las lenguas y con el estímulo de una experiencia primaria del estudio de la significación, como lo es la práctica de la lexicografía, articulo en estos ensayos una concepción de la cultura de la lengua que resulta, ante todo, de mi experiencia, pero que tiene también sus antecedentes intelectuales: la tradición española que va de Menéndez Pidal a Amado Alonso, y el "idealismo" de Karl Vossler y sus repercusiones en España e Hispanoamérica. Las ideas acerca de la cultura de la lengua, que también dan lugar a pensar en la lengua como cultura, se volvieron anticuadas y desprestigiadas hace cuarenta años porque sus autores no se pudieron liberar del discurso filológico de su época, ni supieron confrontarse con el cientificismo estructuralista. La experiencia del análisis semántico de una lengua, como la que se saca de la lexicografía lleva, necesariamente, a darse cuenta de que el significado de los signos tiene un denso espesor de cultura. Hoy precisamente me parece que se puede volver a hablar de las lenguas como culturas, y de la cultura de las lenguas, no sólo porque tenemos instrumentos mejores para entenderlas y estudiarlas, sino también porque hay que defender la diversidad de los seres humanos y sus derechos a la diferencia en un mundo dominado por la homogeneización, una homogeneización que parece ser el resultado ciego y enloquecido del rendimiento económico (¿o es un objetivo perverso de los grandes capitales?), no de los principios ilustrados de la Revolución Francesa.

Cultura de la lengua y maneras de la experiencia del mundo son los dos pivotes con los que emprendo una crítica de los lenguajes científicos. El retintín con que muchos filósofos de la ciencia descartan el papel de las lenguas reales en la formación del pensamiento científico merece un debate prolongado, del que los propios científicos podrían beneficiarse, cuando lleguen a entender que no tienen por qué vivir escindidos entre su experiencia cotidiana del mundo y de su lengua materna, y su práctica científica del conocimiento; y cuando se convenzan de que su lengua materna es su mejor instrumento de conocimiento, en vez de enajenarse en una pretendida pureza de los conceptos universales y en una lengua ajena, impuesta por el Poder. El efecto práctico inmediato de esta otra perspectiva de mis ensayos se manifiesta, sobre todo, en la terminología, una rama de la semántica cuyo interés ha venido creciendo día tras día, a causa de la manera en que se organiza la civilización contemporánea.

En todos los artículos incluidos he hecho correcciones, que buscan mejorar su capacidad explicativa. "Metalenguaje y lenguaje descriptivo" es una nueva versión, muy ampliada y corregida, de "Une critique du concept de *métalangage*" que apareció en *Folia Lingüística*, 23 (1989), 387-404. Cuando comencé a revisar la versión original de este artículo, me di cuenta de que el tema requería mayor desarrollo, así como el texto necesitaba correcciones en algunos pasajes. El resultado es un nuevo texto que, aunque comparte con el anterior el mismo planteamiento y muchos párrafos, amplía y pretende explicar mejor el tema general de los lenguajes científicos. "Conceptos y jerarquía de términos" es la versión original del artículo "Concepts and Term Hierarchy", que se publicó en la revista *Terminology, International Journal of Theoretical and Applied Issues in Specialized Communication*, 5 (1998-1999), 59-76.

Los demás artículos que componen este libro fueron publicados en los siguientes lugares: "Postulados de la teoría semántica", en *Memorias del IIIer Encuentro de Lingüística en el Noroeste*, Universidad de Sonora, Hermosillo, 1996, t. III, pp. 13-24; "Conocimiento y pragmática en los fundamentos de la semántica", en *Actas del IIIer Congreso Nacional de Lingüística, Estudios de Lingüística Aplicada*, 23/24 (1996), pp. 236-243; "Por una nueva teoría del signo", en *Varia lingüística y literaria. 50 años del CELL*, editado por Rebeca Barriga y Pedro Martín Butragueño en El Colegio de México, México, 1997, t. I, pp. 211-222; "Prototipo, estereotipo y significado", *Revista Latinoamericana de Pensamiento y Lenguaje*, número monográfico sobre semántica, editado por Josefina García Fajardo, 3, 2B (1997), 263-270; "El lenguaje de la lexicografía", en *Texte, Sätze, Wörter und Moneme. Festschrift Klaus Heger*, editado por Suzanne R. Anschütz, Heidelberger Orientverlag, Heidelberg, 1992, pp. 413-426; y "Término y cultura: hacia una teoría del signo especializado", en *Terminología y modelos culturales*, inspirado y editado por María Teresa Cabré, del Institut Universitari de Lingüística Aplicada, Universitat Pompeu Fabra, Barcelona, 1999, pp. 39-60.

Agradezco mucho la autorización de todos los editores de mis artículos para poderlos reimprimir, así como la disposición de El Colegio de México para publicarlos en su colección de *Jornadas*.

Tepoztlán, abril de 2001

POSTULADOS DE LA TEORÍA SEMÁNTICA

Enunciada a principios del siglo xx y concebida como el estudio del cambio de significado de las palabras, la semántica lingüística experimentó un deslumbrante desarrollo hacia los años sesenta y setenta, gracias a su inclusión en el paradigma estructuralista, desde Stephen Ullmann hasta Algirdas Julien Greimas. Pero como he mostrado en otros trabajos[1], las esperanzas que abrigábamos en esos años, de que la semántica lingüística por fin pudiera dar cuenta de la organización de la estructura léxica, del modo en que es la semántica la que establece las conexiones discursivas en la sintaxis y en el texto, y del modo en que se relaciona la lengua con el mundo sensible, fueron desapareciendo

[1] En "Los cauces de la semántica contemporánea", *Memorias del II Encuentro de Lingüística en el Noroeste*, Univ. de Sonora, Hermosillo, 1994, pp. 9-20 y en "Los límites del formalismo en semántica lingüística", *Lexis*, 17 (1993), 193-217. Acerca de estos antecedentes, véase la bibliografía allí citada.

poco a poco bajo el peso de la evidencia de una complejidad verbal que superó las buenas intenciones, a los cautivadores éxitos del análisis componencial y el método del campo semántico, y a los esfuerzos de los que buscaron una "lógica natural" que se situara en la base referencial de todo discurso. A ese relativo fracaso hay que agregar el efecto disruptor de la semántica lógica, importada a la lingüística por autores como Jerrold J. Katz y George Lakoff, que aportó a la semántica interpretativa de la gramática transformacional los problemas de la determinación de la verdad y la falsedad en los enunciados, introduciendo por ella a nuestra disciplina una confusión de intereses, de medios formales y de problemas filosóficos que, a mi juicio, más que ayudarla, la han llevado casi a un callejón sin salida. Nos encontramos, por lo tanto, en medio del malestar que provoca una situación en la que pululan las "teorías" —en el sentido trivial de la palabra, pues la mayoría son solamente especulaciones y, en los mejores casos, hipótesis—, los investigadores de la sintaxis saquean los temas semánticos sin entrar de lleno en ellos, y la práctica de la semántica[2] sigue reducida

[2] Aunque si se distingue entre la teoría semántica de la producción del sentido, que es a la que ahora me estoy refiriendo, de la teoría de la comprensión del sentido, a la cual me he referido en varios trabajos sobre lexicografía y teoría del diccionario, hay que señalar que tanto éstas dos, como la teoría del discurso ofrecen ricas aportaciones a la teoría de la semántica en general que, sin embargo, el tronco "duro" de la lingüística suele no querer reconocer.

al papel heurístico que le asignó la lingüística descriptiva desde tiempos tan antiguos como los de Leonard Bloomfield.

Hace falta, por lo tanto, una revisión sistemática de la bibliografía semántica contemporánea, un esfuerzo de interrelación y de congruencia entre los aportes disímbolos que se encuentran en ella y una recuperación del planteamiento teórico que rija un nuevo esfuerzo de teoría semántica. Este trabajo está dedicado a enunciar los postulados de tal teoría y, en consecuencia, a proponer un programa científico, que sirva para iniciar una discusión y para llevarse a cabo por los que se interesen en él.

Postulados epistemológicos

Considérese evidente que el ser humano construye *versiones verbales* del mundo sensible, de su experiencia y de su reflexión acerca de ellas, cuya naturaleza todavía ignoramos: suponemos que son mentales, es decir, que residen en algún tipo de funcionamiento de la corteza cerebral; suponemos que son perceptuales o cognoscitivas, en cuanto dependen de los sentidos y del procesamiento que efectúa el cerebro de los datos percibidos; y creemos que son sociales, por cuanto la evidencia que ofrecen las investigaciones de la manera en que los humanos adquieren su lengua materna indica que esas versiones, tal como se plasman en una lengua, son construcciones colectivas y no elaboraciones aisladas de una mónada trascendental, para recordar a Leibniz y a Husserl.

El objeto de la teoría de la semántica de las lenguas naturales son esas versiones y la actividad que las crea. Las llamaremos *significado* y *significación* respectivamente[3]. En correspondencia con las tres suposiciones hechas antes, acerca de lo que pueden

[3] Opto por llamar así a las versiones del mundo sensible y la actividad que las crea por tres razones: la primera es que la misma existencia en español y en muchas otras lenguas de palabras como *significado* y *significación* (*meaning* en inglés, *Bedeutung* en alemán, etc.) es el primer dato de su realidad empírica, pues no son fruto de la imposición de una elucubración cientificista a la experiencia de los hablantes, sino por lo contrario, efectos de una reflexión milenaria acerca de la lengua, por la cual estas culturas, junto con muchas más, muestran reconocer el funcionamiento de esas entidades, diferentes de sus soportes materiales —*significantes*, en la terminología saussureana— y diferentes de "las cosas en sí". Es decir, las palabras *significado, meaning, Bedeutung*, etcétera, corresponden a conceptualizaciones culturales de la reflexión humana acerca del objeto de la semántica; son "términos preteóricos" que ayudan a definir con precisión el objetivo de la teoría. La segunda es que esos términos tienen una larga historia en la teoría semántica, que nos ayuda a precisar su objetivo y permite la construcción teórica a partir de las enseñanzas anteriores. La tercera es que estos términos comprometen menos el arranque de la teoría con concepciones filosóficas cargadas de problemas metafísicos, ontológicos y lógicos, como los que se manifiestan en términos como "concepto", "representación", "imagen mental", etcétera.

ser el significado y la significación, una teoría de la semántica del lenguaje, para que logre someterlas a estudio y para obtener de él resultados de valor científico, requiere de dos postulados epistemológicos, es decir, de dos postulados acerca de la manera en que se les conceptúa como "objetos de investigación": uno *empirista* y uno *pragmático*.

Empirismo

El postulado empirista consiste en sostener que la investigación de la semántica de la lengua natural debe basarse en datos provenientes de la conducta verbal real de los hablantes, en las tres dimensiones establecidas: *neurológicos*, sobre la manera en que se elabora, se establece y se organiza el sentido en la corteza cerebral; *cognoscitivos*, sobre la manera en que los sentidos y el cerebro elaboran la información sensorial y reflexiva en una lengua particular[4]; y *pragmáti-*

[4] Si la investigación neurológica es una investigación del orden físico, en la que a lo que aspira el lingüista es a orientar la experimentación del neurólogo de una manera que resulte pertinente a la investigación general de la facultad del lenguaje y su residencia biológica, considerando al ser humano como especie, la investigación cognoscitiva tiene que proceder inductivamente, a partir de experimentaciones y observaciones que sólo pueden hacerse sobre hablas particulares, en las que, necesariamente, se hablan lenguas particulares. Por lo que los resultados de las pri-

cos, sobre la manera en que la práctica social en la que nace un individuo impregna su elaboración del sentido, la limita y la conduce en su lengua materna.

Los datos deben ser observables y verificables. Este requerimiento empírico crea diferentes clases de dificultades, de las que la teoría debe hacerse cargo: en cuanto a los datos neurológicos, el hecho de que no puedan provenir de la experimentación directa[5] dificulta su obtención. Hasta ahora solamente el diagnóstico y la terapia de ciertos casos de afasia parecen ser los únicos que pueden proveer información neurológica pertinente. Probablemente la investigación semántica tenga que atenerse sólo a ellos, mientras no pueda ofrecer ella misma algunas pistas de otra clase, que dirijan mejor la búsqueda neurológica y delimiten una necesaria conmensurabilidad entre la dimensión neurológica y las otras dos dimensiones. En cuanto a los datos cognoscitivos, su principal difi-

---

meras son, desde su inicio, universales; los de las segundas, en cambio, específicos. La universalidad, en este caso, se adquiere por generalizaciones empíricas.

[5] Esta imposibilidad, como bien lo saben los neurólogos, es resultado de una barrera ética infranqueable: no se debe someter a ningún ser humano a experimentos que puedan causarle daño. La neurología ha acudido por ello a otros animales para realizar sus experimentos. Pero, por un lado, ningún otro animal habla, por lo que, en este caso, esa posibilidad está cerrada; por el otro, no dejan de tener razón los que se oponen al martirio de los animales, por lo que tampoco sería ésta una solución.

cultad reside en la costumbre de pensarlos como una especie de "lenguaje mental", ontogenéticamente anterior a la lengua natural, del cual ésta no sería sino una mala, ambigua, vaga, imprecisa traducción. Ese "lenguaje mental" tiene, según la tradición filosófica, el carácter de "imagen" o "representación" del mundo sensible, relacionadas con él biunívocamente: a cada estímulo del mundo, debe corresponder un elemento en su "representación". Para Bertrand Russell constituía un "lenguaje objetal primario", que luego el pensamiento fisicalista, particularmente el de Rudolf Carnap, quiso entender como una especie de "lenguaje atómico" ligado a los constituyentes más pequeños de la realidad[6]. Desde el punto de vista cognoscitivo, tales ideas implican que los sentidos son una especie de hilos conductores analógicos, que transmiten los estímulos de la realidad hacia el cerebro, sin producir modificación alguna. Desde el punto

[6] Cf. al respecto la crítica de la idea de la "representación" en Bernard Harrison, *Meaning and Structure. An Essay in the Philosophy of Language*, Harper & Row, New York, 1972; mi crítica al "lenguaje objetal" de Russell en L.F. Lara, "Une critique du concept de métalangage", *Folia Lingüística,* 23 (1989), 387-404 —reelaborado en este libro como "Metalenguaje y lenguaje descriptivo"— y sobre Carnap en mi "La ecuación sémica con ser y significar: una exploración de la teoría del estereotipo", en *Reflexiones lingüísticas y literarias*, R. Barriga y J. García Fajardo (eds.), El Colegio de México, México, 1992, t. I, pp. 211-230.

de vista semiótico, el "lenguaje mental" es un lenguaje visual: de los objetos se elaboran solamente imágenes; se privilegia, metafórica o sinestésicamente, el sentido de la vista[7]. Ninguna de estas ideas tiene una base empírica. Por lo tanto, una teoría de la semántica tiene que ponerlas en entredicho y, por el contrario, proponer la clase de datos que requiere la documentación de esta dimensión del significado.

A este respecto, las investigaciones experimentales que realizaron diversos biólogos, psicólogos e incluso filósofos afiliados a la llamada "teoría de la Gestalt" y a la fenomenología, como Jakob von Uexküll o Maurice Merleau-Ponty[8], constituyen fundamentos sólidos para volverse a plantear hoy en día la manera de investigar el significado desde el punto de vista de la percepción y la cognición y para determinar qué clase de "lenguaje de observación" se requiere para dar a esos datos el carácter lingüístico necesario.

La investigación de *arquetipos* perceptuales, que ha adelantado René Thom y continuado Wolfgang

[7] Me parece lamentable que también Ronald Langacker, en su "gramática cognoscitiva", caiga en tal idea de la "representación", según lo expone Ricardo Maldonado en "La semántica en la gramática cognoscitiva", *Revista Latina de Pensamiento y Lenguaje*, 1 (1993), 157-182.

[8] Cf. Jakob von Uexküll y Georg Kriszat, *Streifzüge durch die Umwelten von Tieren und Menschen. Bedeutungslehre*, Fischer, Frankfurt, 1983 y Maurice Merleau-Ponty, *Phénoménologie de la perception*, Gallimard, París, 1945.

Wildgen[9] es la cabeza de puente en la orilla de enfrente de la investigación de la dimensión perceptual-cognoscitiva. Sobre la base del cálculo topológico de la estabilidad de los sistemas dinámicos, Thom propuso la llamada "teoría de las catástrofes", que le permite reconocer invariantes del comportamiento animal ("arquetipos") y los puntos en donde se producen cambios cualitativos ("catástrofes"). A partir de esa teoría, Wildgen propone que la significación tiene por base ciertos arquetipos que, en una dirección, son los que la determinan (y serían, por lo tanto, universales lingüísticos) y, en la otra, son los que tendríamos que encontrar en un proceso de inducción a partir de datos lingüísticos. Cautivadora como lo es la propuesta, tocaría a la teoría de la semántica dirigir la construcción del puente hasta que las dos direcciones se encuentren a la mitad del río.

Lo importante para una teoría de la semántica es, sin embargo, proponer que cualesquiera que sean los datos obtenidos por el estudio de la percepción y la cognición, éstos no constituyen un "lenguaje" intermedio, del cual la lengua natural es su mala traducción. La lengua natural es el único dato observable y verificable de que podemos disponer; la elaboración

[9] Cf. René Thom, *Stabilité structurelle et morphogénèse*, Interéditions, París, 1977 y Wolfgang Wildgen, *Catastrophe Theoretic Semantics: An Elaboration and Application of René Thom's Theory*, J. Benjamins, Amsterdam, 1982.

de los estímulos de la percepción en el cerebro tiene una naturaleza neurológica probablemente bioquímica y no es un lenguaje. La teoría deberá definir cómo se relacionan esos acontecimientos bioquímicos y los signos lingüísticos.

Pragmatismo

Pero además de esos datos, que se refieren al individuo aislado, como representante del género humano, la teoría semántica debe tomar en consideración el hecho central de que la lengua no es una aparición aislada e innata en el individuo, sino que se construye en la práctica social desde el interior del vientre materno, a partir, por supuesto, de alguna impronta genética de la especie. Es la construcción de la lengua materna, en la que se esfuerza el individuo desde los primeros momentos de su nacimiento, la que históricamente ha sido uno de los objetos de estudio de la lingüística. Pues para todo ser humano *su* lengua es la de sus padres: aquélla que hablan delante de él desde su nacimiento, y que se introduce en ellos como parte de una multitud de acciones en las que participa. De ahí que se postule que una teoría de la semántica de la lengua natural deba ser *pragmática*, es decir, basada en el reconocimiento de que la semántica de la lengua materna se elabora en la acción comunicativa, como parte de las prácticas que el individuo aprende, primero para sobrevivir y después para aprovechar su existencia y comprender y admirar el mundo.

El postulado de pragmatismo obedece, en consecuencia, a dos aportes centrales del pensamiento contemporáneo: por un lado, la crítica del mentalismo y la metafísica que llevó a cabo Ludwig Wittgenstein en sus *Investigaciones filosóficas*[10], mediante la cual se recupera el significado como uso y se pueden eliminar las teorías de la "representación"; por el otro, la asunción radical que hace la pragmática filosófica contemporánea del pensamiento de Wittgenstein, para incorporar el uso de la lengua en la acción humana, como lo proponen la escuela constructivista de Konstanza (Friedrich Kambartel, Kuno Lorenz, Hans Julius Schneider) y los sucesores de la Teoría crítica de Frankfurt (Jürgen Habermas en particular).

La teoría de la semántica de las lenguas naturales ha de ser empírica y pragmática en los dos sentidos explicados.

[10] Originalmente en alemán, publicadas entre 1945 y 1949. Véase el brillante estudio de Wittgenstein que hizo Kuno Lorenz en *Elemente der Sprachkritik. Eine Alternative zum Dogmatismus und Skeptizismus in der analytischen Philosophie*, Suhrkamp, Frankfurt, 1971.

Postulados de la teoría lingüística

El nivel sucesivo de postulación de una teoría lo fija su contexto teórico general, que en este caso es el de la teoría lingüística, es decir, el de la teoría que define la manera en que el lenguaje habrá de estudiarse a partir de los postulados epistemológicos. Los postulados generales de teoría lingüística para esta teoría de la semántica son también dos: el de la llamada "teoría de la doble articulación", formulado por André Martinet[11], y el de la "teoría del signo" que, desde Saussure hasta nuestros días, es una constante en la concepción europea de la semántica.

Teoría de la doble articulación

Martinet propuso que "la primera articulación del lenguaje es aquella mediante la cual todo hecho de experiencia que se quiera transmitir, toda necesidad que se desee hacer conocer a otra persona se analiza en una serie de unidades dotadas cada una de una forma vocal y un sentido. [...] Es la manera en que se ordena la experiencia común a todos los miembros de una comunidad lingüística particular". En tanto que la segunda articulación consiste en el análisis de la forma vocal,

[11] En *Éléments de linguistique générale*, Armand Colin, París, 1960.

por el cual se reconoce la sucesión de unidades que contribuyen a distinguir unos signos de otros[12]. Según esta teoría, la semántica es la parte de la teoría lingüística destinada al estudio de la primera articulación, en tanto que la fonología es la que se dedica al estudio de la segunda articulación. Es decir, la teoría lingüística consta de dos grandes partes solamente: la semántica, que tiene que ver con todo lo que produce el sentido, y la fonología, que tiene que ver con todo lo que produce la distinción entre signos.

Resulta de esta teoría que la sintaxis y la morfología son partes de la semántica: son formas específicas de organización de la significación en las lenguas naturales.

Teoría del signo

A partir de Ferdinand de Saussure, las unidades de primera articulación han sido concebidas como *signos*. El signo consta, indisociablemente, de un *significado* y un *significante*. Es decir, no es solamente un soporte material de una referencia al mundo sensible, como lo piensan otras teorías de la semántica, sino que tiene una identidad propia, verificable en la reflexión social acerca de la lengua. Louis Hjelmslev

[12] *Op. cit.*, pp. 17-19. La traducción es mía, aunque hay edición en español de esta obra.

propuso distinguir cuatro estratos del signo: una *sustancia del contenido*, creada precisamente por la referencia al mundo sensible —concebida exclusivamente como *acto de significación*— y la reflexión humana sobre su experiencia; *una forma del contenido*, constituida por las formas que adopta la significación en una lengua particular: la sintaxis y la morfología; una *forma de la expresión*, constituida por las invariantes fónicas del habla de una lengua particular: los fonemas; y una *sustancia de la expresión*, creada por la segmentación de carácter perceptual que realiza la forma de la expresión sobre el continuo sonoro: los fonos.

Lo importante de una teoría del signo en la teoría lingüística estriba en el reconocimiento de que el lenguaje no está formado por una asociación entre sonido y referente, sino por entidades complejas que tienen existencia social y neurológica. Para decirlo rápidamente: el lenguaje no está formado por una cadena sonora [tigre] y el felino feroz de piel a rayas, que existe en la India, sino por una forma sonora /tigre/ y la *versión* que construye una comunidad lingüística particular de ese animal que, en nuestra comunidad, por ejemplo, le agrega las características de sanguinariedad y crueldad.

En la teoría del signo es en donde se debe dar una respuesta a los planteamientos que se hacen desde la antigüedad acerca del modo en que se relacionan el lenguaje y el mundo sensible. Pero a diferencia de las respuestas que ofrece la reflexión filosófica en la ontología o en la metafísica, la de una teoría lingüística del signo ha de regirse por los postulados de empirismo y pragmatismo.

Como se habrá podido notar, la teoría del signo de Saussure-Hjelmslev es todavía satisfactoria como planteamiento general, aunque ahora deberá corregirse precisamente en términos pragmáticos: deberá definir claramente el acto de significación en sus dos vertientes: la referencia, como apunte al mundo sensible, y la creación de significados en la lengua natural. Deberá resolver satisfactoriamente las preguntas que, hasta ahora, se plantean en términos de "imágenes mentales" y "representación". Deberá proponer los criterios generales de reconocimiento del signo en las dimensiones perceptual-cognoscitiva y neurológica.

Postulados de lenguaje teórico

Una de las dificultades centrales de la teoría de la semántica estriba en los lenguajes que se utilizan para elaborarla y para investigarla. El predominio actual de las concepciones de Tarski, Carnap y Roland Barthes acerca de las cadenas de metalenguajes —que ya debiera haberse superado hace mucho tiempo[13]— arroja sobre la necesaria claridad de su planteamien-

[13] Cf. mi trabajo al respecto, citado en n. 6.

to la oscuridad y la aporía que produce el matrimonio de las tesis sobre el metalenguaje con las que tratan la relación entre lenguaje y mundo sensible. De acuerdo con el postulado de pragmatismo, la teoría de la semántica hará uso de los siguientes lenguajes:

A. La lengua natural, en este caso el español, con su semantismo específico, para exponer los postulados de la teoría, como se ha venido haciendo.

B. Un lenguaje pre-teórico, derivado del semantismo de la lengua natural, mediante el cual se exponen los objetivos y las concepciones iniciales de la teoría.

C. Un lenguaje teórico, definido por las concepciones generales que se derivan de los postulados epistemológicos expuestos, al cual pertenecen términos como: signo, significado, significación, semántica, sintaxis, etcétera, que habrá de irse definiendo conforme se construya la teoría.

D. Lenguajes de observación, de carácter pre-teórico y definidos en su principio por las disciplinas que intervengan en la construcción de la teoría, como los que utilice la neurología, la psicología, etcétera para describir sus observaciones y sus conclusiones.

E. Lenguajes formales, cuando la investigación requiera manejar datos en términos cuantitativos o de cálculo, como los que utiliza la teoría de las catástrofes.

Hay una jerarquía entre estos lenguajes: de A a C sigue un proceso de construcción teórica, aunque sea A el lenguaje de mayor jerarquía, pues es el que fundamenta todo lenguaje científico. D y E terminan indistintamente la jerarquía. Pero una jerarquía no significa una cadena de metalenguajes.

Invitación

Como habrá podido verse, los postulados buscan, ante todo, sentar las bases de un acuerdo entre quienes estén interesados en volver a plantear la construcción de una teoría de la semántica de las lenguas naturales. De carácter esquemático, tanto por el tiempo de que dispongo para exponerlos, como porque no se trata de conclusiones sino, al contrario, de inicios de una teoría, estos postulados requieren sustanciarse mediante investigaciones más prolijas.

CONOCIMIENTO Y PRAGMÁTICA EN LOS FUNDAMENTOS DE LA SEMÁNTICA

Desde Michel Bréal, que introdujo el término a la lingüística en 1883, sabemos que la semántica tiene algo que ver con el significado o con la significación. Las sucesivas concepciones de la semántica han variado de acuerdo con las sucesivas concepciones de la lingüística: como estudio del cambio de significado de las palabras (una lexicología diacrónica) desde Bréal y Darmesteter hasta Stephen Ullmann; como estudio de la estructura del significado de los signos, desde Saussure y Ullmann hasta Greimas y Coseriu; como componente interpretativo de la inserción de las palabras en las cadenas sintácticas, en el primer Chomsky; como base lógica y referencial de la generación de la sintaxis desde Lakoff hasta la actual "semántica formal"; como renovada "ideología" (en el sentido originario del término en Destutt de Tracy) en la contemporánea "semántica cognitiva"[1]. En todos esos aportes teóri-

[1] Cf. François Rastier, "La sémantique cognitive. Éléments

cos, el significado de la palabra "semántica" es el mismo; no así la concepción ni, mucho menos, la "teoría". Si de cualquiera de ellos hubiéramos podido obtener una verdadera teoría científica del significado, que partiera de los fenómenos de la significación en la lengua ordinaria y nos ofreciera una explicación coherente, exhaustiva y verificable de cualquier fenómeno de significación verbal, no tendríamos ya que preocuparnos por los fundamentos de la semántica; estaríamos trabajando sobre aspectos parciales de la significación, seguros de tener un "núcleo duro" de la teoría de la semántica, del cual sostenernos. Pero no es el caso: valiosos como lo son todos esos aportes, no tenemos buenas explicaciones de lo que es la significación, de la manera en que se gesta el significado, ni de los modos en que se significa con la lengua ordinaria; explicaciones que convenzan a todos y permitan derivar de ellas una buena cantidad de soluciones en adquisición del lenguaje, en psicolingüística, en teoría del discurso, etcétera.

La cuestión de la significación nos propone siempre, junto con ella, dos temas conexos: por un lado, la relación con lo significado; por el otro, la manera en que se significa. Es decir: el objetivo de una teoría de la semántica debe ser siempre explicar el fenómeno general de la significación y sus dos aspectos centra-

d'histoire et d'épistémologie", *Histoire, Épistémologie, Langage*, 15 (1993), 153-187.

les: cómo se establece la relación del signo lingüístico con lo significado, y cómo se componen o se combinan los signos lingüísticos para significar algo.

Ha sido la ontología, la que desde mucho tiempo antes de la existencia de la lingüística se pregunta cómo se relaciona la lengua con el mundo. Desde la metafísica aristotélica hasta la moderna lógica de los mundos posibles, hay una semántica interesada por esa relación. Sólo que, lo que la caracteriza, es su desinterés por el signo mismo. Las lenguas reales, en su diversidad y su variabilidad histórica, resultan meros accidentes de la cuestión central de la referencia al mundo. Dicho de otra manera: para el planteamiento ontológico, las lenguas reales no son sino documentos circunstanciales de la cuestión trascendente, que consiste en preguntarse cómo se relaciona un signo o un enunciado con los acontecimientos o las cosas del mundo objetivo, para poder discernir de ella un conocimiento verdadero de ese mundo. El instrumento de la ontología para plantearse una solución es la lógica. De donde no es extraño, sino natural, que la semántica contemporánea esté tan relacionada con la lógica.

Debemos a Ullmann y a Klaus Heger la introducción a la investigación semántica de la preocupación por la relación con lo significado: el primero, importando de la psicología a la lingüística saussureana el famoso "triángulo de Ogden y Richards"[2]; el

[2] En su libro *Semántica. Introducción a la ciencia del significado*, Aguilar, Madrid, 1967, cap. 3.

segundo, teorizándolo para ampliar la comprensión del significado hacia sus componentes estructurales (los semas y los noemas, y su arreglo en sememas) y hacia la posibilidad de ligar la semántica lingüística con una lógica de clases (el "trapecio de Heger")[3]. Sin embargo, la investigación semántica estructuralista, de la que paradójicamente formaron parte, embebida en un concepto cerrado del sistema y convencida de que la existencia de las estructuras no puede depender de relaciones puntuales de sus elementos con un mundo objetivo azaroso y fragmentario (que la llevó a la exploración de la *virtualidad* de la lengua, y no a su realidad) optó por clausurar el sistema en sí mismo, y volver ininteligible la relación con ese mundo[4].

Pese a ello, todavía no se ha insistido lo suficiente en que la principal contribución del estructuralismo a la lingüística fue su teorización del signo. Fue gracias a Saussure, y después a Hjelmslev, como logró la lingüística situar el signo como centro de su interés y salvarse, como ciencia, precisamente de su disolución en las otras visiones trascendentes de

[3] En "Las bases metodológicas de la onomasiología y de la clasificación por conceptos", incluido en su *Teoría semántica. Hacia una semántica moderna*, II, trad. José Luis Rivarola, Alcalá, Madrid, 1974.

[4] Cf. mi "Diccionario de lengua, enciclopedia y diccionario enciclopédico: el sentido de sus distinciones", en *Dimensiones de la lexicografía. A propósito del Diccionario del español de México*, El Colegio de México, 1990.

la lengua: la de la ontología, la de la lógica, la de la psicología. Con el estructuralismo aprendimos que en el signo están indisolublemente ligados su significante y su significado, y que éstos son distintos del sonido, en el ámbito del significante, y de las cosas o los fenómenos del mundo objetivo, en el ámbito del significado. De esa manera el significante dejó de ser un simple soporte material de la referencia y el significado dejó de confundirse con el "referente" o la cosa en sí. Es muy lamentable que, inducida por la lingüística angloamericana, que nunca se interesó por la teoría del signo, una parte importante de la semántica contemporánea haya caído en esa verdadera regresión teórica, que es ignorar el signo, para volver a la idea naif de ligar el soporte material de la referencia con la referencia misma, aunque sea vista como "concepto" en un "espacio mental" cuyo estatuto teórico se escabulle de la ciencia empírica y sólo revela un platonismo que no se atreve a decir su nombre.

Por esos antecedentes se explica la necesidad de volvernos a preguntar por los fundamentos de la semántica. La ganancia que nos heredó la teoría estructuralista del signo se vio limitada por su incapacidad para repensar la relación del signo con la cosa. La ganancia que nos ofrece la ontología, por el contrario, es la necesidad de explicar cómo se establece esa relación, pues al fin y al cabo, para todo ser humano, las lenguas valen porque con ellas se habla de su experiencia del mundo y se la transmite a los demás. Pero esa ganancia no se puede apreciar si, a cambio, se pierde la lengua en su especificidad fenomenológica.

Lo que pretendo hacer en esta ponencia es explicar dos fundamentos de la semántica que nos permitirán recuperar la teoría del signo y situar la relación del signo con el mundo objetivo: el conocimiento del mundo y el carácter práctico (*pragmático*) de la formación del signo.

Desde San Agustín, la explicación que se ofrece para la constitución del signo frente a la cosa consiste en suponer que, de un lado, las cosas como tales están ahí presentes para cada ser humano, y que, del otro, la lengua es como un catálogo de nombres dispuestos a asociarse con ellas. Es decir que, por ejemplo, a un niño pequeño se le presenta un perro, con algún gesto que sirva para destacarlo, y se le da la palabra *perro* como designación del animal. A partir de ese momento, el objeto "perro" y la palabra *perro* quedan *asociados*.

Sin duda que un procedimiento como ese lo podemos seguir muchos adultos: se nos enseña la estrella Antares y se nos dice que su nombre es *Antares*. Pero cuando se trata de la adquisición de la lengua materna por un niño, el problema previo a la introducción de un nombre es cómo decirle que se trata de introducirle el nombre de la cosa; es decir, cómo hacerle saber que en ese momento se le introducirá un nombre para el objeto que se le ostenta. Un ejemplo parecido lo podemos tomar de la formación de la lengua criolla de Neomelanesia: podemos suponer que los colonizadores ingleses de esas islas del Pacífico Sur se dirigían a los aborígenes con algo como "¡You, fellows!". Los aborígenes, que desconocían el inglés, se explicaron /fellau/ como un morfema de 'persona' y construyeron tres pronombres: *mefellow* para designar la primera persona del singular, *youmefellow* y *youfellow* para designar, respectivamente, la primera y la segunda del plural[5]. Es decir, que las señas que acompañaban el "¡You, fellows!" de los colonizadores no indicaban que "fellows" era un sustantivo para designar amistosamente al prójimo. La idea agustiniana de la manera en que se gesta el signo frente a su referente es equivocada[6]; y a la vez, lleva a la necesidad de un metalenguaje previo que defina la introducción de los signos en cada lengua, una necesidad inexistente en la adquisición de la lengua materna.

Por el contrario, las investigaciones modernas de la adquisición de la lengua materna insisten en señalar que no hay tales ceremonias de ostensión de objetos y de posterior bautizo lingüístico, ni tales metalenguajes, sino que lo que hay son *acciones significa-*

[5] Cf. Klaus Heger, *Sprachvergleich und Semantik. Das Beispiel der grammatischen Kategorien 'Person' und 'Numerus'*, C. Winter Universitätsverlag, Heidelberg, 1980.

[6] Hay una discusión prolija de esta concepción del establecimiento de la relación signo/referente en Bernard Harrison, *Meaning and Structure. An Essay in the Philosophy of Language*, Harper and Row, New York, 1971.

tivas, es decir, actuaciones del niño y de los demás humanos que lo rodean, en las que el contacto con las cosas, su uso, su juego, su necesidad conlleva la emisión de signos lingüísticos, que el niño no *asocia* con las cosas porque nunca se le han presentado *disociados*, sino que siempre aparecen juntos; es decir, para la práctica del niño, la emisión sonora de la lengua, que percibe en sus padres o en los humanos que lo rodean, forma parte *indisociada* de la acción que se ejecuta. Los signos son, en un principio, *acción*. Un signo como *leche*, por ejemplo, no comienza designando al líquido blanco, servido en un vaso, con que nos alimentamos, sino que forma parte de una acción significativa compleja, que consiste en pedirla porque se tiene hambre, ofrecerla a cierta hora, o hasta quizá solamente en llamar a la madre. Sólo más tarde, por procesos de abstracción cuya explicación podría derivarse de la enseñanza de Jean Piaget, el signo cobra la existencia independiente que tiene en la vida adulta. La acción significativa es, en consecuencia, el punto de partida para la teoría de la semántica, y de ella hay que derivar tanto los diferentes modos en que se produce la significación, como las características de la relación significativa entre los signos y las cosas.

Esta acción significativa, evidentemente, se da en un contexto específico: en el contexto en que en cada momento de la vida humana es necesario establecer relaciones entre el yo, los otros con los que necesita relacionarse, y las cosas, los acontecimientos o las sensaciones que experimenta como diferentes de sí mismo. Radicalmente hablando, las relaciones se establecen para transmitir información: los límites del propio cuerpo y las limitaciones que impone el entorno físico llevan al ser humano, como a muchos otros animales superiores, a la necesidad de un lenguaje con el que trasciendan ambos límites para resolver sus necesidades o sus intereses del momento[7]. De ahí que se pueda concebir que, entre los tres polos de todo acto de comunicación: el hablante, el oyente y las cosas o los acontecimientos sobre los que informa, se produce un *espacio de información*, de características precisas en cada momento de acción[8].

Pero el espacio de información sólo constituye el entorno que requieren las acciones verbales; es decir, sólo está delimitado por la lengua histórica compartida y las condiciones de posibilidad de cada acción verbal. En ese espacio son, en cambio, las condiciones de pertinencia significativa y los intereses de significación del hablante en relación con su oyente los que definen un campo en donde se sitúa y se modaliza la cosa, el fenómeno, el acontecimiento, etc. del

[7] Cf. Karl Bühler, *Teoría del lenguaje*, trad. Julián Marías, Revista de Occidente, Madrid, 1967, cap. 1.

[8] No justificaré en esta ponencia lo que me lleva a proponer tal "espacio de información". Remito a mi libro *Teoría del diccionario monolingüe*, cap. 2, para esa justificación.

mundo objetivo que se desea significar. El *mundo objetivo*, ése que es el objeto de la ciencia natural, y que ha dado lugar al concepto ontológico de "la cosa en sí", por el solo hecho de quedar sujeto al espacio de información y a las condiciones de pertinencia y los intereses de significación del hablante, se convierte en un *mundo vivido* o *experimentado* por el hablante y es éste, y no el mundo objetivo el que se significa verdaderamente. De ahí la aparición de una tensión permanente entre el mundo objetivo y el mundo experimentado: éste no es, por principio, idéntico a aquél. Y como no lo es, su diferencia es el origen de todos los esfuerzos del conocimiento objetivo (el origen del planteamiento ontológico)[9].

Así es que la significación de una cosa, de un acontecimiento o de una experiencia no depende de las características fácticas que tengan, de "cómo sean en realidad", sino de la manera en que las viva el individuo y de las condiciones de inteligibilidad que le ofrezca su espacio de información. Vivencia o experiencia de las cosas, lengua histórica de la comunidad

[9] Esta diferencia entre mundo objetivo y mundo vivido o experimentado es central, tanto para ofrecer una explicación adecuada a los problemas de conocimiento que se planteó particularmente el neopositivismo (y su rama radical: el fisicalismo de Rudolf Carnap y la *Enciclopedia de la ciencia unificada*), como para mostrar por qué son naives los semanticistas que soslayan la necesidad de una teoría del signo y optan por asociar un soporte material de la referencia a un "concepto" idéntico a la cosa en sí.

y condiciones de pertinencia para esa comunidad crean el *campo referencial* en que se produce la significación.

Una vez establecido el campo referencial de cada acción verbal, o de cada conjunto de acciones verbales, la significación se produce de diferentes *modos*: sin duda que un modo privilegiado, precisamente porque es el que sirve para nombrar el mundo y darlo a conocer, es el *modo designativo de significación*. Incluso para el niño pequeño, cada vez que sus padres le hacen correcciones a su habla, diciéndole, por ejemplo, "ése no es un *perro*, sino un *gato*", "no *cayó* la botella, la *tiraste*", lo hacen privilegiando este modo[10].

El modo designativo de significación se establece, en consecuencia, a partir del campo referencial que cree la situación comunicativa en que se coloca el hablante, y tiene por objetivo una identificación de su objeto, que sea válida para sus interlocutores. Nadie crea una lengua para sí mismo, sino que, por lo contrario, aprende la lengua para poderse dar a entender al resto de los miembros de esa comunidad. Por lo que el modo designativo de significación es un modo socialmente instaurado, que dirige la interpretación que hace cada individuo de sus percepciones.

[10] No hablaré, en esta ponencia, de otros modos de la significación, porque el espacio temporal que me resta es ya muy reducido. Pero quede constancia de que hay otros modos, como el metafórico (que se crea en relación con el designativo, y sólo se reconoce a partir de la reflexión social acerca de la lengua).

Los modos de significación se valen de toda la estructura de una lengua, y no solamente de su léxico. Si se ejemplifica con vocablos, se hace solamente por su brevedad y porque, de todo el sistema de una lengua, son los vocablos los que más claramente se relacionan con el mundo experimentado.

La psicología gestalt, más modernamente la investigación de prototipos en psicología experimental y la noción de estereotipo, que debemos al filósofo Hilary Putnam, nos permiten ahora encarar la cuestión de la relación entre el mundo objetivo y su significación bajo el modo designativo. Podemos proponer que la designación bascula sobre dos aspectos del conocimiento: de un lado, la percepción de *relieves* —como los llama Eleanor Rosch[11]— inherentes a los objetos de conocimiento, como el movimiento, la forma geométrica, el color (elementos de los *prototipos* perceptuales de las cosas); del otro, la acción de la comunidad lingüística que define las características que le son pertinentes de esos objetos (elementos de los *estereotipos* sociales de las cosas). Así por ejemplo, deben formar parte del prototipo del gato su piel aterciopelada, la brillantez de sus ojos y la movilidad de sus pupilas, su ronroneo y su maullido. Forman parte de su estereotipo, para las comunidades

[11] Cf. Eleanor Rosch, "Human Categorization", en *Studies in Cross-Cultural Psychology*, N. Warren (ed.), Academic Press, London, 1977, pp. 1-49.

lingüísticas occidentales, al menos, su flexibilidad para soportar caídas (la base de sus "siete vidas"), su gusto por los ratones y su enemistad con los perros[12]. El conocimiento, por lo tanto, no se gesta a partir de una total separación entre la lengua y el mundo; por lo contrario, se gesta por la inclusión originaria de la lengua en el mundo, manifiesta en la actividad significativa. Tampoco se produce en una relación biunívoca entre componentes del significado y componentes de las cosas, como lo soñaba Bertrand Russell y tienden a soñarlo los lógicos fregeanos, sino en una relación definida por el campo referencial que crean cada acción verbal, la posición correlativa del hablante y sus interlocutores —sobre la base del lecho de inteligibilidad que les da su propia lengua— y el juego de relaciones que producen los prototipos perceptuales y los estereotipos sociales.

De esa relación que establece el campo referencial, se puede ahora especificar lo que es la significación: ante todo, es *acción*, que parte de la experiencia del mundo que se forja el hablante, acotada por su propia lengua y sus interlocutores. Después, la significación se revela como un *fenómeno histórico*, atenido a las condiciones de inteligibilidad que ofrezca la comunidad lingüística en una época dada, y a las condiciones de pertinencia que establezca para cada

[12] He desarrollado esta relación entre prototipo y estereotipo en el cap. 5 del libro mencionado en la nota 8.

hablante en cualquier modo que adopte, y no es un fenómeno intemporal, ni sujeto solamente a formas lógicas o a reglas universales obligatorias. Por último, la significación es un *fenómeno lingüístico*, no neurológico, biológico, formal o social, aunque ataña a todas esas dimensiones del ser humano. Es decir: la significación, tal como la percibimos en el habla, no es la manifestación superficial de un hecho de naturaleza estrictamente neurológica, biológica, formal o, al revés, social. Es un fenómeno de lengua, construido sobre esos componentes. Es también un fenómeno de lenguaje, que es en donde se incluye entre los intereses de la semiótica.

La teoría de la semántica, tal como ha sido parcial y rápidamente expuesta aquí, forma parte de una teoría lingüística. Dado el nivel de abstracción que le corresponde, lo único que puede ofrecer a la práctica de la lingüística es una orientación, una forma de concebir los fenómenos de la significación. Toca, en cambio, a las teorías de las lenguas particulares y a la elaboración de métodos de investigación, definir las maneras en que se manifiesta la significación en cada lengua y los métodos con que han de explorarse. Pero debe poderse someter a verificación empírica, si no quiere pasar a formar parte del catálogo de trebejos especulativos arrumbados en los anales de la ciencia.

POR UNA NUEVA TEORÍA DEL SIGNO LINGÜÍSTICO

Todas las teorías de la semántica de las lenguas ordinarias giran en torno al *dictum* agustiniano acerca del *signo*: "aliquid stat pro aliquo". Es decir, la expresión verbal se considera una especie de sustituta de los objetos de los que habla; el signo, cualquiera que sea su definición teórica, *está en vez* de otra cosa, que es la que vale para el entendimiento o la comprensión de la verdad.

Desde Aristóteles y los estoicos hasta el presente, el lenguaje es objeto de reflexión filosófica porque es el vehículo de ese entendimiento y esa comprensión. Imbricado en la lógica y en la ontología de un lado, e incluso en la metafísica y la teología, del otro, ha sido el pensamiento filosófico sobre el lenguaje el que ha determinado las diversas maneras de comprenderlo, no solamente para la filosofía y la cultura en general, sino también para la psicología y la lingüística.

Aunque median siglos entre Aristóteles, los estoicos, la filosofía escolástica medieval y nosotros, la expresión verbal se sigue mirando de manera muy semejante a como lo hacían los antiguos[1]. En primera reflexión, se la puede ver como una pura cadena de sonidos o de trazos gráficos; es decir, en su materialidad concreta. En esa reflexión la diferencia entre la expresión verbal (la "utterance" del inglés) y otras expresiones concretas, como los códigos de señales, los alfabetos Morse y Braille o las señas de los sordos no se puede establecer sino como diferencia de su sustancia material y de sus reglas de combinación o "sintaxis". El signo es un soporte material de algo que está fuera de él: del sentido, de la referencia a las cosas o incluso de las cosas mismas. Es pura *vox*, que diría San Agustín.

Así visto, el signo por sí mismo solamente tiene interés en su combinatoria, en su sintaxis. El estudio del signo en cuanto soporte material del "sentido" o de la "referencia" a lo nombrado no se distingue del resto de las exploraciones formales del análisis matemático de las combinaciones y de la teoría matemática de

[1] Acerca de las teorías del signo en la Edad Media sigo la obra de Mauricio Beuchot, *La filosofía del lenguaje en la Edad Media*, UNAM, México, 2a. ed. corr. y aum., 1991, junto con la colección de extractos de Alain Rey, *Théories du signe et du sens. Lectures*, Klincksieck, París, t. I, 1973; sobre las modernas más importantes, sigo a Henning Spang-Hanssen, *Recent Theories on the Nature of the Language Sign*, Nordisk sprog- og Kulturforlag, Copenhagen, 1954.

la información, ni de otras investigaciones de carácter estadístico, como las cadenas de Markov.

Pero la filosofía del lenguaje no se queda, en realidad, en esa concepción de la expresión verbal. Ya San Agustín proponía concebir la *vox* como soporte material de una *dictio*, como *vox verbi*. Así, formula una relación tripartita que se ha seguido repitiendo, con las variantes correspondientes a cada época, hasta el famoso "triángulo" de Ogden y Richards:

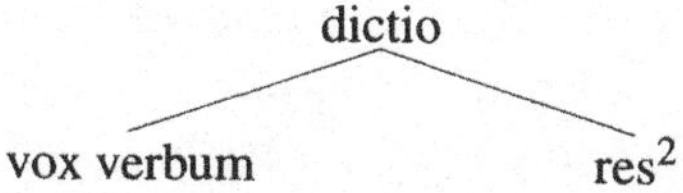

La *vox* es el signo de la *dictio*, una elaboración del pensamiento acerca de la *res* que no está ligada a ninguna lengua en particular, ni proviene de alguna de ellas, sino que es efecto, ante todo, de la aprehensión de la *res* por el espíritu, aunque también, en la escucha, de su comprensión de la *vox*, sólo que tal comprensión, necesariamente ligada a un signo de una lengua particular, no parece ser un tema importante de las reflexiones de San Agustín. El *signo* (*vox*) en consecuencia, es el soporte material de la *dictio* o de lo *dicibile* (Juan de Salisbury), pero no interesa únicamente en cuanto *vox*, sino por su relación con la *dictio*. La *dictio*, a su vez, es signo de la *res*, por lo

[2] En *Principia dialecticae*, *apud* Rey, *op. cit.*, pp. 62 y *ss.*

que hay, en la concepción medieval, dos momentos del signo; dos *aliquid*: la *vox* es signo de la *dictio* y la *dictio* es signo de la *res*.

Abelardo y los lógicos medievales hasta Guillermo de Occam no se separan mucho de esa misma concepción del signo. Para Abelardo, el *sermo* (la *dictio* de San Agustín) se distingue de la *vox* —su soporte material— porque incluye la *significatio*, que es a la vez la capacidad de significar y la relación que crea con la *vox* (una relación parecida a la que postula modernamente Saussure entre el *significante* y el *significado*; véase más abajo)[3].

Como dije antes, Ogden y Richards no parecen diferir mucho del pensamiento agustiniano al establecer su famoso "triángulo":

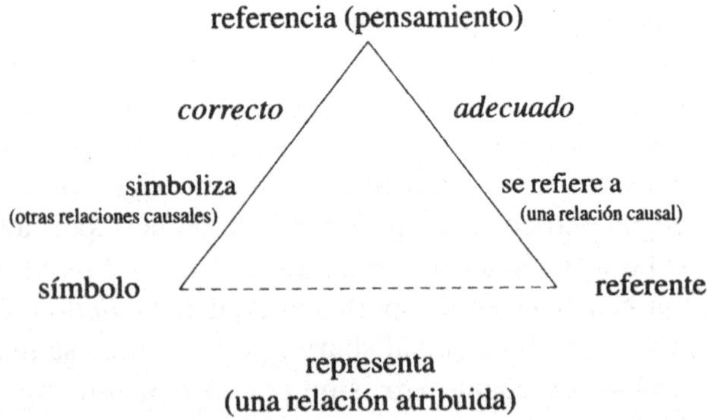

[3] *Apud* Rey, *op. cit.*, pp. 83 y *ss.*

Según ellos las *voces*, los *símbolos*, están en relación causal con la *referencia* (*dictio*) en cuanto obedecen a las necesidades que imponen, en parte, *la propia referencia* que se está haciendo en un acto significativo y, en parte, los factores sociales y psicológicos determinados por el efecto que se quiere lograr con otras personas y la actitud del hablante en su acto (cap. 1, pp. 27 y *ss.*)[4]. La relación de simbolización resulta entonces para ellos, aunque no lo señalen, una relación orientada: de la referencia al símbolo, aunque su "corrección" depende, en dirección contraria, de la capacidad del símbolo para "provocar una referencia similar en un intérprete adecuado" (cap. 5, p. 117). La relación entre la referencia y el re-

[4] Es claro que Ogden y Richards concebían el significado con un punto de vista orientado a la discusión tanto con filósofos como con psicólogos y neurólogos, para los cuales el objetivo principal era remontar el signo —el símbolo— en dirección de la referencia —hecho mental— y de las condiciones de posibilidad del conocimiento verdadero del referente, como lo postulan los intereses ontológicos de las ciencias de la naturaleza; de ahí que había que aclarar tanto la existencia material, experimentalmente observable de la referencia (psicología de la percepción y del conocimiento, y neurofisiología de la referencia), como las condiciones para un discurso verdadero acerca del referente. El "triángulo" famoso, a cuyas ventajas ilustrativas se atuvo la semántica lingüística por largo tiempo, resultaba así el postulado de partida de una larga disquisición acerca de los errores que se han cometido a lo largo de la historia en la concepción del significado, que es la verdadera materia de su libro.

ferente (que sustituye a la *res*, la cosa, para eliminar interpretaciones demasiado materiales de lo que puede constituir un referente de un símbolo) también es, por su parte, una relación orientada: de las propiedades o las particularidades que presente el referente hacia la formación mental de la referencia; dada la multiplicidad de propiedades o particularidades[5] que puede presentar un referente al hablante, las causas de la referencia pueden ser correspondientemente variadas, y la referencia, consecuentemente, sólo resulta *adecuada* —y no "correcta"— cuando logra que el oyente reconozca el referente del símbolo empleado. La relación de representación entre el símbolo y el referente, por último, no es más que la confirmación del carácter arbitrario de los signos, ya enunciado desde Aristóteles.

El "triángulo" de Ogden y Richards ha determinado la mayor parte del pensamiento contemporáneo acerca del signo y la significación. Modificado ligeramente por Stephen Ullmann para situarlo dentro de la lingüística saussureana[6], y después transformado

[5] Aunque hay que resaltar que Ogden y Richards están explícitamente muy lejos de creer que hay algún tipo de correlación esencial entre referente y referencia; las propiedades o las particularidades del referente sólo las conciben como contextos situacionales, internos y externos, en que se produce cada vez el acto de referencia.

[6] Ullmann, en *Semántica. Introducción a la ciencia del significado*, trad. J.M. Ruiz-Werner, Aguilar, Madrid, 2a ed., 1967,

en un "trapecio" por Klaus Heger para poder dar cuenta del análisis semántico estructuralista[7], conserva, sin embargo, su vigencia.

Para esta herencia conceptual de la semántica la distinción entre el *signo* (no sigo la terminología de Ogden y Richards en este punto[8]), la *referencia* y el

---

cap. 3, modificó los nombres de los vértices del triángulo: *nombre* por *símbolo*, *sentido* por *referencia* y *cosa* por *referente*, lo que estrictamente hablando no querían Ogden y Richards, a quienes términos parecidos les resultaban muy confusos; pero además dio por hecho que hay una "relación recíproca y reversible entre el nombre y el sentido", como lo postulaba Saussure a propósito del *significado* y el *significante*. Con eso, a mi parecer, Ullmann volvió a oscurecer la cuestión planteada por el triángulo, pues clausuró la exploración de las relaciones entre el símbolo y la referencia en la dimensión cognoscitiva, que era lo que realmente interesaba a Ogden y Richards, y eliminó de los intereses de la semántica la cuestión de la corrección y la veracidad del discurso, que sólo ha reaparecido en los últimos diez años.

[7] El "trapecio de Heger" surgió de la necesidad, coherentemente estructuralista, de mantener la relación "recíproca y reversible" del significante y el significado, que Heger denominó "principio de consustancialidad cuantitativa", y a la vez introducir el semema, el sema y el noema en el orden de la referencia de Ogden y Richards, como entidades de la lengua, cuya virtualidad se realiza en el signo, lo que dio la base menor del trapecio; el lado derecho sólo varía en relación con el triángulo, por el esfuerzo de Heger de formularlo en términos de lógica de clases. Cf. Klaus Heger, "Las bases metodológicas de la onomasiología y de la clasificación por conceptos", en *Teoría semántica II*, Alcalá, Madrid, 1974, pp. 1-32.

[8] Es interesante notar el rechazo explícito de la obra de

referente es constitutiva de la teoría. Lo primero que se puede observar en ella es que el signo resulta realmente un soporte material de la referencia. Es la referencia como fenómeno mental —perceptual y neurológico—, ligada en términos ontológicos al referente, la que interesa a la teoría. El signo es solamente una señal concreta de la relación que hay entre la referencia y el referente. De ahí la irrelevancia del signo en sí mismo para la filosofía del lenguaje o su supeditación, como pura envoltura material de la referencia, a la psicología, pues el estudio científico y no especulativo de la manera en que se crea la relación simbólica entre referencia y referente sólo corresponde al ámbito psicológico.

Se puede notar también que el esquema de Ogden y Richards, como toda la tradición posterior a San Agustín, supone una concepción nomenclaturista del signo. Es decir, supone que el signo (y toda la lengua)

Saussure en el libro de Ogden y Richards. Metidos como estaban en una discusión con la filosofía de su época, es claro que los postulados saussureanos, fundadores de la lingüística moderna, o no iban al caso o eran todavía extraños en su época (1923); no hay que olvidar que la obra de Saussure adquirió su valor después de 1929, gracias al Círculo de Praga, y después de 1943, gracias al Círculo de Copenhague. Pero tampoco deja de parecer gratuito en ellos sustituir *signo* (la voz tradicional, como se puede ver, desde San Agustín) por *símbolo*, en particular si no ofrecieron argumentos que hicieran preferible el segundo término, ni desarrollaron una semiótica, que considerara otros *símbolos*.

se utiliza para *nombrar* objetos o, mejor dicho, que se utiliza para vehicular concepciones de los objetos y de las relaciones objetivas que se dan entre hechos y acontecimientos del mundo, *anteriores, por definición, a la manifestación verbal*, y que se crean y se determinan con absoluta independencia y claridad en la mente. El signo es por ello una etiqueta que se pone a la referencia o al referente; un nombre para un fenómeno anterior a él, del cual sólo participa accidentalmente.

Por último, se puede señalar que, para la tradición semántica, la relación entre la referencia y el referente ha de tener algún tipo de necesidad, definida por el referente mismo, cuya precedencia ontológica es una premisa de toda la teoría.

El pensamiento saussureano vino a revolucionar la herencia agustiniana de una manera que parece necesario volver a resaltar. Parece necesario hacerlo, porque el dominio avasallador de las concepciones logicistas, generativistas y "cognitivistas" en la lingüística de hoy en día ha descartado la necesidad de contar con una teoría del signo para la semántica lingüística y ha restaurado los planteamientos tradicionales, incluso con una trivialidad ontologizante que asombra y entristece.

La concepción saussureana del signo consiste, primero, en reconocer como objeto de estudio de la lingüística el signo, tanto en su plano de soporte material —el *significante* o el *cenema* de Hjelmslev—

como en su plano de contenido, *en una relación recíproca y reversible*, como de hecho corresponde a la observación lingüística del uso de las lenguas. En efecto, al establecer la relación significante/significado como las partes anversa y reversa de una hoja, lo que hizo Saussure fue reconocer un fenómeno lingüístico, manifiesto a todo hablante, que consiste en que todo signo lleva ligado a él un significado y en que *no hay significado (o referencia) sin signo perceptible*; es decir, lo que hizo fue aproximar la referencia al soporte: ganarla para el análisis lingüístico en el campo de trabajo de las lenguas reales, dejando fuera de consideración su probable carácter mental[9] y elaborando un procedimiento de investigación independiente de los planteamientos experimentales de la psicología.

La teoría saussureana del signo es por eso una teoría lingüística "inmanentista" que, como decía Hjelmslev, "busca aprehender el lenguaje no como un conglomerado de hechos extra-lingüísticos (físicos, lógicos, fisiológicos, psicológicos, sociológicos), sino como un todo que se basta a sí mismo, como una estructura sui generis" (Hjelmslev, *Prolegómenos*, cap. 1, p. 7). Pues desde el momento en que el signo

[9] Cuando Saussure definió el significante como "imagen acústica" del signo y el significado como la correspondiente "imagen mental" de los objetos, más que aludir teóricamente a la naturaleza del significado, expresaba el carácter abstracto de ambas entidades.

se postula como una unidad indisoluble entre el plano del significante y el plano del significado, forma parte de cada lengua concreta y se investiga en su verbalidad, es decir, se gana para la lingüística. En cambio, para las teorías tradicionales el significado, como "referencia", ocurre en la mente y sólo "se envasa" en el significante. Cuando el significado es referencia, es ajeno a cada lengua particular; la percepción lingüística de su existencia es sólo un síntoma de un fenómeno mental, por lo que, en el mejor de los casos, sólo tiene valor heurístico para la lingüística (como lo concebía Bloomfield) y, en el peor, se disuelve en la pura cognición[10].

La concepción saussureana del signo dio lugar también, y de manera no circunstancial, a un método de investigación que hizo explícitos los procedimientos de la conmutación de signos en contextos fijos (lo que hacía la gramática desde muchos tiempo atrás), mediante los cuales explora la conformación del significado sin tener que apelar a entidades mentales pre o averbales y, consecuentemente, elude la especulación acerca de la existencia mental de los "conceptos"[11]. Esa conformación del significado se

[10] Esa parece ser la postura de Ronald Langacker y varios otros "cognitivistas". Cf., del primero, *Foundations of Cognitive Grammar*, Indiana University Press, Bloomington, 1983.

[11] Se puede pensar que, precisamente la creencia en la existencia pre- o averbal de los "conceptos" en la mente, forzada por el interés chomskyano en los universales —del ser humano en

puede investigar, como lo propuso el estructuralismo, en términos de un lenguaje descriptivo ganado de la conmutación entre signos del mismo "campo semántico" y presentado en fórmulas sémicas[12] o en términos de la misma lengua ordinaria, utilizada como lenguaje reflexivo y dilucidatorio, en los casos de la lexicografía y la teoría del discurso[13].

Por último, la concepción saussureana del signo supone la existencia necesaria de las lenguas concretas, pues el significado sólo se puede definir al interior del sistema de cada una de ellas y resulta imposible postular la existencia de universales semánticos, de carácter ontológico y mental[14]. Por eso la teoría saus-

---

cuanto especie y de la gramática— fue un importante motor para la reposición de las concepciones tradicionales de la semántica. Sólo que ha resultado una reposición sin ganancia.

[12] Véase mi crítica al respecto en "Del análisis semántico en lexicografía", en L.F. Lara, R. Ham Chande e I. García Hidalgo, *Investigaciones lingüísticas en lexicografía*, El Colegio de México, México, 1980, pp. 159-266 y en "Los límites del formalismo en semántica lingüística", *Lexis*, 17 (1993), 193-217.

[13] Véase aquí mismo, el artículo dedicado al lenguaje de la lexicografía y mi libro *Teoría del diccionario monolingüe.*

[14] Para la tradición semántica europea, la concepción saussureana es semasiológica, es decir, concibe el signo de manera inmanente a cada lengua. Ello no impide la construcción de instrumentos de análisis y contraste entre lenguas, que permitan la investigación genealógica o la clasificación tipológica de las lenguas, lo que es la tarea de la onomasiología. Pero hay que resaltar que la onomasiología, al menos en su versión más acabada y

sureana del signo, a diferencia de las teorías tradicionales, permitió hacer de la semántica una disciplina empírica y no especulativa, y a la vez eliminó de sus postulados todo trascendentalismo de carácter ontológico.

Louis Hjelmslev, por su parte, al desarrollar el concepto de *signo* de Saussure en busca de la *forma lingüística* (el primer objetivo sistemático de la dicotomía entre *lengua* y *habla*)[15], estableció el marco de referencia más acabado para la semántica saussureana: distinguió dos estratos en cada uno de los dos planos del signo, mediante los cuales se aclara mejor la relación entre formas lingüísticas y sustancias que las materializan: la necesidad metodológica de distinguir las invariantes de los signos, logradas mediante abstracción, dio lugar al reconocimiento de las *formas de la expresión* o del significante (fonología o cenémica) y las *formas del contenido* o del significa-

---

coherente, que es la de Klaus Heger ("Las bases metodológicas de la onomasiología y de la clasificación por conceptos", en *Teoría semántica II*, y "Noemes as tertia comparationis in language comparison", *Alfa*, 3-4, 1990-91, 37-61) nunca ha supuesto una existencia real de sus construcciones de comparación —los noemas— ni ha hecho postulados ontológicos como los que han venido apareciendo en los últimos años.

[15] Cf. su "La stratification du langage", en *Essais linguistiques*, Minuit, París, 1971. Acerca de la forma lingüística véase Bühler, *Teoría del lenguaje*, Revista de Occidente, Madrid, 1967, cap. 1, § 4.3.

do (morfología y sintaxis o plerémica), como cualitativamente distintas de la *sustancia de la expresión* (la materia sonora del fonema y la materia gráfica de la letra o el ideograma) y la *sustancia del contenido* ("lo que se quiere decir" en el signo; la "referencia" de Ogden y Richards).

De esas precisiones resulta que la "semántica en sentido restringido" es la que estudia la sustancia del contenido de los signos, en tanto que la "semántica en sentido estricto" es la que estudia forma y sustancia del contenido, es decir, toda la primera articulación martinetiana: morfología, sintaxis y "referencia" (La lexicología es una parte de la morfología).

Hjelmslev no se concretó a precisar la teoría saussureana del signo, sino que resaltó sus consecuencias más importantes, al insistir en que es desde la lengua desde donde se presta significado a un fenómeno, a un objeto o a una relación en el mundo experimentado; es decir, que a diferencia de las teorías tradicionales, lo que postula Hjelmslev es que la "referencia" no es un acontecimiento mental anterior a la lengua, sino que es la lengua misma la que la produce como significación de un objeto o un acontecimiento del mundo experimentado. Es la lengua la que dispone de formas de elaboración del contenido que, aplicadas a una compleja necesidad de significación, producen una sustancia del contenido específica. *La forma del contenido significa la experiencia del mundo en una sustancia del contenido.*

La relación significativa entre forma, experiencia del mundo y sustancia del contenido es lo que Hjelmslev llamó *función semiótica.* Vista la función semiótica de esa manera, es clara su inmanencia a cada lengua particular, de donde resulta la imposibilidad de una "referencia" autónoma de las lenguas y universal a todos los seres humanos, sólo vehiculada por los signos específicos de cada lengua. La posibilidad de encontrar "referencias" de carácter universal, que tanto interesa hoy en día a generativistas, cognitivistas y tipologistas, no deriva, en consecuencia, de una existencia real, mental y averbal de esas referencias, sino solamente de la capacidad de abstracción y el trabajo de los propios analistas, que construyen unidades de comparación, como bien señalaba Klaus Heger en su "Noemes...".

La concepción saussureana y hjelmsleviana del signo es por eso irrenunciable: es la única que le da al signo un espesor lingüístico suficiente como para que se problematice la teoría de la semántica en términos empíricos. Las concepciones contemporáneas ajenas al pensamiento de origen saussureano se caracterizan por una grave petición de principios: ¿qué clase de estatuto científico —psicológico y neurológico— tiene un fenómeno mental cuya única manifestación suficientemente observable y distinguible es verbal, si ésta se descarta como un simple accidente?, ¿qué clase de ciencia es aquella que no postula como su objeto de estudio un fenómeno observable, sino una especulación acerca de una capacidad mental universal?

Sin embargo de todo lo anterior, también la concepción saussureana presenta limitaciones hoy en día, como resulta natural casi un siglo después de su enseñanza, y después del enorme aumento de intereses y problemas que ha creado la lingüística del siglo XX. Ya Bühler y Coseriu señalaron, tan temprano como 1934 y 1952, la limitación saussureana de ceñirse al estudio de los signos en cuanto hecho o producto verbal, es decir, en cuanto *ergon*. Para ilustrar esta limitación constitutiva de la lingüística saussureana se puede utilizar su famosa analogía con el juego del ajedrez: para Saussure, el ajedrez es un sistema, en el cual el valor de cada una de sus figuras depende de la posición relativa que tengan en el tablero; la lengua es como el juego del ajedrez. De esa manera, cada uno de los instantes en que las piezas están inmóviles sobre el tablero (después de cada jugada y mientras el contrincante piensa la siguiente) es un hecho sincrónico, cuyo sistema se puede definir en ese momento. La lengua se puede definir como sistema, análogamente, sólo en uno de los estados sincrónicos en que se hable. Ese es el punto de partida teórico de la lingüística descriptiva (o "taxonómica", que diría Chomsky). La sucesión de hechos sincrónicos, o *diacronía* de Saussure *no tiene sistema*, por lo que no hay una teoría de la evolución de la lengua, como del juego y, en realidad, tampoco de sus reglas o de las reglas del juego, que ocurren más allá del habla o del tablero mismo (Saussure pensaba que esa tarea correspondía a la semiología). Tal restricción, comprensible en la época y por la naturaleza del esfuerzo inmanentista de Saussure, impide teorizar la dinámica, la *energeia* de la lengua, en particular si se acepta como uno de los objetivos de la lingüística contemporánea la explicación de los elementos que permiten hablar a un ser humano, entre ellos sus reglas, como propuso Chomsky desde el inicio de sus investigaciones.

La semántica posterior a Saussure y al estructuralismo necesita, en consecuencia, superar el nivel de descripción de la sustancia del contenido en el que quedó limitada, para emprender la investigación de la existencia y las características de la *función semiótica*, que pertenece al campo de la *energeia* de la lengua.

Como expliqué antes, la función semiótica es la actividad del hablante que consiste en aplicar formas lingüísticas inteligibles a la significación de su experiencia del mundo[16].

[16] En ese sentido forma parte, como proponía Saussure, de la semiología, pues esas formas pueden ser de muy diversos tipos: desde rituales propiciatorios de la relación con la naturaleza, significada como dominio de dioses o demonios específicos, en las antigüedades clásica y mesoamericana, pasando por los signos lingüísticos, hasta los elaborados anuncios de la propaganda comercial contemporánea. La función semiótica, en consecuencia, no está restringida a un solo tipo de lenguaje ni a una sola manera de funcionamiento de la percepción y del conocimiento

Para el pensamiento estructuralista bastaba postular la primacía de la forma lingüística en la elaboración de toda su teoría de la semántica; pues ese pensamiento fue un pensamiento interesado en el producto lingüístico y no en su operación. Pero postular la primacía de la forma lingüística en la *energeia*, es decir, en los procesos cognoscitivos y expresivos que se echan a andar al hablar una lengua conduce, o bien a un platonismo, que conciba la existencia de la forma como pura y anterior a la lengua, y por lo tanto muy semejante a los postulados innatistas de Chomsky[17], o bien a la necesidad de explicar en qué

---

humanos. Pero por ahora y durante un largo plazo, hay que reducir la cuestión al campo lingüístico, no sólo por necesidad profesional, sino también porque la teoría de la semántica de las lenguas ordinarias sigue siendo el campo de observación y experimentación mejor acotado y mejor conocido para la propia semiología (o semiótica).

[17] La concepción chomskyana es predominante hoy en día: según ella, la forma está contenida en la herencia biológica de la especie humana; la forma es innata. Y no una forma o un conjunto de formas básicas y generales, sino nada menos que formas tan específicas como las de la gramática. Sin embargo, la investigación de Chomsky, desde sus inicios hasta la actualidad está dedicada a la construcción de algoritmos que permitan hacer una descripción suficiente de las maneras en que se generan oraciones en una lengua ordinaria, y parece haber pospuesto hasta las calendas griegas la necesidad de responder en qué sentido esos algoritmos a su vez corresponden a las formas innatas y cuáles serán estas formas. El innatismo postulado por Chomsky es por

consiste esa forma y de dónde procede, necesidad que, bien mirada, es la que despertó la actual inquietud cognoscitivista en semántica y, por supuesto, en la lingüística general.

La función semiótica es, ante todo, una acción. Se produce cuando un individuo necesita significar una experiencia concreta por medio del lenguaje. En cuanto acción, conviene considerarla como una más de las que realiza el individuo en cualquier instante de su vida. Como explicaba Bühler (*op. cit.*, cap. 1), hay necesidades que experimenta un ser humano, que se satisfacen actuando; la acción verbal es una de esas acciones, cuyo objetivo es ampliar el campo de percepción y de experiencia de los que lo rodean. En el niño recién nacido, las acciones instintivas, que se ordenan a la conservación de su propia vida, muy pronto se ven acompañadas por otras acciones que señalan necesidades o llaman la atención de su madre, en lo que se puede considerar el inicio del desarrollo de la capacidad de comunicarse. Es solamente en esa etapa temprana de la vida humana cuando hay que acudir a la impronta biológica para poder explicar algunas de las acciones, las más esenciales, que

eso una barrera a la investigación lingüística, e incluso psicológica de la forma porque les obstaculiza el planteamiento de preguntas empíricas al respecto, dejando a la neurología y la genética una respuesta final que ninguna de ambas ciencias está preparada para ofrecernos.

ejecuta el niño. Pero también es probable que tal impronta no esté ya previamente cargada de formas de lenguaje, como lo cree Chomsky, sino que sea una facultad muy general de elaboración de esquemas y de abstracción, que permita el desarrollo de los lenguajes y de la lengua cuando el ser humano se ve sometido a la relación dialógica con su madre y con los demás humanos que lo rodean. Las concepciones llamadas *pragmáticas* de la adquisición del lenguaje suponen un inicio de esta clase. Especulaciones también, parecen ser mejores hipótesis de partida que las contrarias, que piensan que las formas del lenguaje y la lengua están ya previamente instaladas en el recién nacido.

Por eso es por lo que una teoría del signo correspondiente a la época contemporánea de la lingüística tiene que elaborarse sobre dos aspectos centrales de la actividad significativa o función semiótica: *la acción verbal y la construcción de formas.* Ambas cuestiones se sitúan más allá de las que la tradición semántica, de Aristóteles a Ogden y Richards, pudo entrever. La semántica se dirige hoy en día hacia la teoría empírica del conocimiento y hacia las concepciones pragmáticas de la acción. Su interés por la teoría empírica del conocimiento vuelve a la semántica una disciplina cognoscitivista; su interés por la concepción pragmática de la acción, la orienta tanto hacia la "pragmática radical" de la Escuela de Konstanza como hacia el pensamiento de Jürgen Habermas[18]. La teoría del signo que elabore será, entonces, cognoscitivista y pragmática.

[18] Cf. Friedrich Kambartel y Hans Julius Schneider, "Constructing a pragmatic foundation for semantics", en *Contemporary Philosophy. A New Survey*, t. I, pp. 155-178, M. Nijhoff Publishers, The Hague, 1981 y Jürgen Habermas, *Teoría de la acción comunicativa*, Taurus, Madrid, 1987, así como, de este último, *Pensamiento postmetafísico*, Taurus, México, 1990.

PROTOTIPO, ESTEREOTIPO Y SIGNIFICADO

La psicóloga estadounidense Eleanor Rosch tuvo el genio suficiente para reanudar y renovar las exploraciones que, desde el primer cuarto del siglo xx, había venido realizando esa corriente de la psicología experimental que se identificó con el término "Gestalt" (estructura, complexión, figura de algo), y que tenía por objeto descubrir la manera en que los seres animados y particularmente el ser humano conocen el mundo que experimentan.

La búsqueda central de Eleanor Rosch a partir de la década de 1970 consistió en identificar los medios con que el ser humano *objetiva* las cosas, en relación con la discusión que promovió en los Estados Unidos de América la controvertida obra "relativista" de Benjamin Lee Whorf[1]. La lectura convencional de

[1] *Language, Thought and Reality. Selected Writings of Benjamin Lee Whorf*, ed. por John B. Carroll, MIT, Cambridge, Mass., 1956.

la obra lingüística de Whorf sostenía que para el ser humano la realidad se presenta como un continuo, al cual es la lengua de cada quien la que le impone fronteras y discontinuidades. Tal lectura correspondía también al efecto del pensamiento estructuralista que, aunque nunca declarado en EE.UU. de manera tan explícita como en Europa, sostenía que el valor de cada signo lingüístico sólo podía determinarse a partir del sistema de oposiciones al cual perteneciera. Un buen ejemplo de este pensamiento acerca de la "segmentación lingüística de la realidad" se encuentra en el famoso libro de Louis Hjelmslev, *Prolegómenos a una teoría del lenguaje* (p. 77), sobre el campo semántico de los colores en francés y en galés:

vert	gwyrdd
bleu	glas
gris	
	llwyd
brun	

Según el ejemplo, *vert* y *gwyrdd* nombran casi el mismo color, en tanto que *glas* nombra tanto un pequeño matiz de *vert*, como al *bleu* y parte del *gris*, y *llwyd* a otra parte del *gris* y al *brun*. Si se interpretan estas diferencias como correspondientes a diferencias de percepción, se diría que los hablantes de galés no pueden distinguir el color *bleu* del *gris*, y que ven parte del *gris* como *brun*. De ser así, las lenguas son inconmensurables entre sí, y no solamente impiden una traducción y un entendimiento adecuados entre ellas, sino que además imponen restricciones cognoscitivas a sus hablantes. La "relatividad" whorfiana corría el peligro de convertirse en una coartada más del racismo. Por eso Eleanor Rosch se esforzaba por encontrar principios de objetivación de las cosas que fueran los mismos para todos los seres humanos, independientemente de sus lenguas. También, seguramente, la motivaba a esa búsqueda la hipótesis chomskyana de la universalidad de la gramática.

El antecedente inmediato de su investigación, según declara Rosch[2] es la respuesta al relativismo que proporcionaron Berlin y Kay[3] a la cuestión de la segmentación del continuo de los colores en muchas lenguas del mundo. Según su estudio, todos los seres humanos, independientemente del estado civilizatorio y cultural en que vivan, e independientemente de sus lenguas, perciben los mismos colores. Las investigaciones de Rosch dieron un apoyo cognoscitivo a la tesis de Berlin y Kay. El problema planteado por el relativismo whorfiano y estructuralista parecía superado.

[2] En su artículo "Human Categorization", en N. Warren (ed.), *Studies in Cross-cultural Psychology,* Academic Press, London, 1977, t. I, p. 4.

[3] En su libro *Basic color terms: their universality and evolution*, Univ. of California Press, Berkeley, 1969.

Los experimentos de Rosch consistieron en obviar los nombres de los colores, determinados por las lenguas, y proponer reactivos a sus informantes, que le permitieran reconocer en qué se basaban para reconocer los colores. Lo que sostiene a partir de esos experimentos es que la gama cromática tiene propiedades que característicamente reconocen los órganos visuales humanos, independientemente de su lengua y hasta de su propia experiencia cultural del color. Esas propiedades se destacan como un *relieve* de los objetos (*salience*) y son esos relieves los que definen *prototipos* de los colores. La palabra *prototipo* se ajusta bien a lo descubierto por Rosch: hay saturaciones de color que resultan más evidentes a los seres humanos que otras; tales saturaciones definen "colores focales" frente a los demás que, por hallarse en las fronteras entre uno y otro focal, no llegan a reconocerse con la misma facilidad. El color focal se convierte en el prototipo del color, en comparación con el cual se evalúan las saturaciones marginales. El prototipo es, entonces, el arreglo de atributos del color, o de cualquier otro objeto, que resulta de una estructura perceptual objetivante. Dicho de otra manera: los órganos de los sentidos, el cerebro y la memoria humanos crean esquemas de reconocimiento de los objetos que luego operan como sus prototipos, mediante los cuales se reconocen y se agrupan las variantes y las diferencias. El prototipo tiene una base fisiológica.

Rosch distingue claramente entre la percepción del color y de otros objetos, los nombres que se les dan ("codificación", la llama ella) y la memoria de la percepción, y encuentra que los colores prototípicos son los que reciben nombres más cortos en todas las lenguas (y no nombres compuestos, como "rosa mexicano", "azul marino", etc.) y los que primero se recuerdan. Al distinguir entre la percepción del objeto y su nombre, logra Rosch mostrar que la percepción es igual entre todos los seres humanos, y que lo que varía son los nombres de los objetos. Es bien claro que, cuando uno observa un color para el cual no tiene un solo nombre, compone el nombre mediante algún adjetivo que califique al nombre del prototipo más cercano. Es decir, su percepción es universal y la capacidad para calificar al nombre del color e identificarlo, lejos de mostrar una limitación cognoscitiva, confirma la igualdad básica de la percepción humana. Lo que no explica Rosch (y, en realidad, no es su tarea) es por qué cada lengua muestra diferencias tan importantes en la denominación de los colores.

La existencia de esos medios cognoscitivos que permiten al ser humano crear esquemas o "Gestalten" de su percepción de los objetos la comprueba Rosch también con el caso de la percepción de figuras geométricas, entre individuos que no conocen la geometría, como los dani de Nueva Guinea. Sometidos a reactivos en que se les presentaban figuras de triángulos, círculos y paralelogramos, sus informantes dani creaban prototipos para cada uno de ellos; el triángulo equilátero y el cuadrado resultaban prototípicos de esa clase de figuras, frente a triángulos isósceles y escalenos, o frente a rectángulos y romboides de diversas figuras.

Con ello, Rosch nos ofrece dos comprobaciones importantes: de un lado, la organización cognoscitiva de "Gestalten" por medio de las cuales, enfrentado el ser humano a una realidad compleja, y que se podría considerar como continua en las varias dimensiones que sus órganos de los sentidos seleccionan, logra aislar sus experiencias de las cosas en una identificación positiva y estable, tanto como para llegar a saber que se trata de *cosas*, y de qué *clase de cosas*. Es decir, descubre un importante elemento de los procesos cognoscitivos de objetivación de las cosas. Por el otro, demuestra que, para objetos como los colores y las figuras geométricas, los pájaros, las sillas y las tazas (se podrían añadir las vasijas de Tlaxcala[4]), esas "Gestalten" forman prototipos de los objetos, que se convierten en normas —en el sentido de la albañilería— para evaluar la pertenencia de cada objeto a su clase.

La teoría de Rosch fue una importante contribución a la lingüística, en particular a aquella que, por

[4] Cf. Willett Kempton, "Categorías etnosemánticas de la alfarería tlaxcalteca", en *Historia y sociedad en Tlaxcala,* Gobierno del Estado de Tlaxcala/Universidad Iberoamericana, 1986, pp. 238-246.

un lado, se basa en el postulado chomskyano de la universalidad de la gramática (o sea, de todo el sistema lingüístico) y que, por el otro, busca alejarse de los principios estructuralistas del sistema cerrado en sí mismo y estructurado sobre la base de oposiciones binarias. El prototipo se presenta como una entidad difusa y flexible, en la dirección de las ideas que ofrece la lógica difusa (fuzzy logic) a la lingüística. Por eso tanto Lakoff como Labov y varios más después de ellos, procedieron a aplicar la teoría a otros objetos.

Pero la aplicación indiscriminada del concepto a la investigación de otros "objetos naturales" crea una complicación que no parecen haber notado ni la misma Rosch, ni varios de sus entusiastas seguidores: precisamente la intervención de un lenguaje en la experimentación a base de reactivos gráficos o, todavía peor, a base del análisis semántico de vocablos, como se verá más adelante.

Uno de esos experimentos buscaba la existencia de prototipos para las *tazas*. Se sometía a sus informantes anglohablantes estadounidenses un conjunto de dibujos de tazas, de diversas formas y tamaños; una de ellas, era la pequeña taza de café, puesta sobre su respectivo platito. Esta taza resultaba seleccionada por la mayoría de los consultados como mejor ejemplo de los objetos llamados *taza*. El prototipo, que ha de ser un esquema cognoscitivo y abstracto, cuya "figura" no se puede conocer, pues se aloja en la memoria, mediante desconocidos procesos cerebrales, se confunde con su *mejor ejemplo*; y este ejemplo está definido por una cultura gráfica angloamericana, que permite a sus hablantes reconocer las tazas, seleccionando la mejor entre varias. La experimentación carga con el peso de la previa aprehensión de un sistema gráfico de representación. Un caso más difícil fue el de la búsqueda de prototipos de las sillas. Nuevamente, se dio a sus informantes una colección de dibujos de sillas, para que seleccionaran el mejor ejemplo. Entre ellas estaba una *mecedora* (en inglés *rocking* ***chair***); aunque no resultó ser el mejor ejemplo de una silla, tuvo un nivel bastante alto en el reconocimiento de las sillas. ¿A qué se debió tal nivel? ¿A un fenómeno cognoscitivo o al hecho de que su nombre la sitúa necesariamente entre las sillas (*chair*)? Cuando en la experimentación que trata de reconocer procesos de objetivación interviene el nombre de los objetos o una representación gráfica característica de la cultura, el proceso de reconocimiento de las cosas está viciado de origen. ¿Una mecedora se reconoce como silla por su "Gestalt" o por efecto de su nombre? ¿Una ballena, *Wallfisch* en alemán, se reconoce como pez (*Fisch*) por su cercanía con un prototipo de los peces (fusiformes, acuáticos, con aletas) o por su nombre, en contra del hecho de que no es pez sino mamífero?

La respuesta no es sencilla, porque el nombre tiene una relación con el objeto que designa y, en esa medida, con el nombre viene el objeto o con el objeto viene el nombre. Pero lo que parece claro es que la investigación de prototipos debe despejar previamente la interferencia de los nombres en el proceso de conocimiento.

El problema se complica cuando se abandona el campo de los "objetos naturales" y se pasa a buscar prototipos de objetos más complejos (física o socialmente) o abstractos, como lo son buena parte de los significados de palabras como los verbos y los sustantivos. Tómese por caso el gato: la objetivación de este animal, junto con la del tigre, el león, el leopardo o el jaguar se basará en los relieves que presenten a la percepción. Pero para que se pudiera deslindar con suficiente limpieza el prototipo de los felinos, habrían de someterse a experimentación con informantes que no los conocieran de antemano. Habría, seguramente, un prototipo del felino, pero ¿cómo sería sin experiencia previa de ellos? Para un persa o un indio ¿cuál será el mejor ejemplo del felino: el gato o el tigre? ¿Para un niño occidental será lo mismo? Los relieves de estos felinos probablemente no fueran todos visuales, sino también y de manera importante auditivos (rugidos y maullidos), tactiles (piel suave) y etológicos (fiereza, domesticidad; cazadores de animales o de ratones). Tratándose de animales como éstos, habría al menos dos tipos de relieves: físicos y de comportamiento; pero estos últimos sólo pueden provenir de una experiencia temporal y educada, que no puede desconocer el papel que juega en ella la cultura.

En ese punto, precisamente, la noción de prototipo entra en dificultades, pues su valor reside en la relación positiva entre relieves físicos de los objetos y características del aparato perceptual humano. Pero cuando lo que interviene en el reconocimiento de los objetos es la experiencia cultural, ya no es posible encontrar apoyos suficientes para sostener que los prototipos de esa otra clase de objetos son universales. Y ese es el caso cuando intervienen los nombres: el azul y el verde son colores focales, de acuerdo con los experimentos de Berlin, Kay y Rosch. En español, inglés, francés y muchas otras lenguas más, tienen nombres correspondientes. ¿Por qué en tzeltal hay nombre corto para ambas saturaciones juntas, es decir, por qué el color es azul-verde desde el punto de vista de la lengua? Es probable que sea efecto de la cultura y, en tal caso, la objetivación de los objetos no es inherente y exclusiva de sus relieves y nuestro aparato perceptual, sino intrínseca a la cultura. Pues al fin y al cabo, ¿qué es lo que interesa a la comunicación humana, que es la que da sentido al conocimiento: las características salientes de los objetos y el aparato perceptual de los humanos o la pertinencia que tengan para cada comunidad lingüística? La tensión entre la capacidad humana universal de conocer u objetivar cosas y la pertinencia que tenga ese conocimiento en un momento o en un período determinado de su historia cultural es la que realmente produce el conocimiento, pero no un conocimiento solipsista y de "la cosa en sí", sino un conocimiento valioso para la comunidad lingüística, o para su participación en los esfuerzos universales por conocer *mejor* el mundo que experimentan.

En ese sentido va la noción que compite contemporáneamente con la del prototipo: la de *estereotipo*, propuesta por el filósofo Hilary Putnam[5]. Un estereotipo es, según propone Putnam, la comprensión general que tienen los miembros de una comunidad lingüística acerca de los objetos que les interesan (cf. mi desarrollo en *Teoría del diccionario monolingüe*, cap. 5). Es el estereotipo del gato, por ejemplo, que para la cultura occidental es un animal doméstico, que ronronea, maúlla, caza ratones, tiene ojos brillantes, etc. el que define si un gato montés, un ocelote, un gato de peluche o un robot con forma de gato forman parte de la clase de los gatos. Ya se ve qué tan difícil es para mucha gente distinguir, por ejemplo, un lobo, un coyote y un perro pastor alemán sólo por su relieve físico; lo que los distingue es su salvajismo y el hábitat en que moran; pero ambos elementos tienen una determinación cultural: la experiencia de la comunidad lingüística con ellos. De ellos tenemos, entonces, *estereotipos*.

Pero al fin y al cabo, lo que más nos interesa de las propuestas de Rosch no es el prototipo, sino las

[5] En *Mind, Language and Reality. Philosophical Papers*, Cambridge University Press, Cambridge, 1975, t. II, pp. 247 y *ss*.

"Gestalten" cognoscitivas que se elaboran en la objetivación de las cosas. ¿Se puede hipotetizar que también se forman "Gestalten" complejas, *unidades de memoria*, que engloben todos los rasgos pertinentes de los estereotipos? Los seguidores de Rosch han extendido el concepto de prototipo a estos casos, con incómoda consideración del papel de la cultura[6]. Dirk Geeraerts, para lograrlo, quita al esquema del prototipo su carácter físico/fisiológico. Pero el valor de las investigaciones de Rosch al respecto estriba precisamente en ese carácter. Mientras no haya más investigación sobre la formación de "Gestalten" para estereotipos de los objetos, es decir, mientras no haya pruebas experimentales fehacientes de la formación de tales unidades de memoria y reconocimiento en los seres humanos, perder el carácter físico/fisiológico del prototipo es trivializar su valor y pasar a la simple especulación.

Las investigaciones de Rosch toman objetos previamente definidos por ella —no podría ser de otra manera— y los someten a reconocimiento de sus informantes, bajo la suposición de que ellos también los conocen. Pero también consideran el primer enfrentamiento de un conjunto de humanos con objetos

[6] Véase en particular Dirk Geeraerts, "Where Does Prototypicality Come From?", en Brygida Rudzka-Ostyn (ed.), *Topics in Cognitive Linguistics*, John Benjamins, Amsterdam, 1988, pp. 207-229 y John R.Taylor, *Linguistic Categorization. Prototypes in Linguistic Theory*, Clarendon Press, Oxford, 1989.

previamente desconocidos por ellos, como fue el caso de los dani con otros colores no nombrados por ellos y las figuras geométricas. Según relata Rosch, cuando realizó estos experimentos no sometió a sus informantes a la presentación de esa clase de estímulos y esperó a que los distinguieran en alguna forma o que los agruparan, como hizo alguna vez la investigación fenomenológica con los pulpos y su reconocimiento del triángulo, sino que asignó a cada uno de ellos nombres dani, tomados de la designación de clanes de su sociedad, para así poder tener señales explícitas del proceso de reconocimiento de objetos nuevos. Dejemos de lado el peligro de haber introducido arbitrariamente colores a los significados, muy probablemente simbólicos y totémicos, de los nombres de los clanes dani; lo que ahora interesa destacar es que dio nombres a los colores y, en ese sentido *fijó* los prototipos. Sin tal fijación ¿se conservaría la "Gestalt" prototípica de los colores y las figuras geométricas entre los dani, o tendería a desaparecer tan pronto los estímulos fueran retirados y el reconocimiento experimental de colores y figuras perdiera sentido para ellos? La respuesta a esta pregunta nos permitiría decidir si la objetivación cognoscitiva de las cosas es un proceso temporal y puntual que se da bajo la exigencia de distinción, pero que desaparece al desaparecer la exigencia, o si la "Gestalt" que produce se aloja en la memoria como una especie de "concepto" del color o la figura geométrica.

Esta pregunta no es ociosa: tiene que ver con la posición epistemológica del investigador y afecta profundamente a la teoría del conocimiento y del signo lingüístico que elabore a partir de ella. La tradición de la semántica, desde San Agustín hasta ahora, supone que entre las cosas o las experiencias del mundo (los *referentes*, en términos de Ogden y Richards[7]) y los signos lingüísticos media un plano mental o conceptual de la *referencia*, que es independiente de cada lengua y, por lo tanto, universal al ser humano (Véase mi crítica aquí mismo, en "Por una nueva teoría del signo"). El signo lingüístico se ha visto siempre, por ello, como un sustituto —generalmente defectuoso y traicionero— de la referencia (*aliquid stat pro aliquo*, dijo San Agustín), que se da en el ámbito del espíritu y no falla en relación con todo el género humano. Esa concepción, heredada desde la temprana Edad Media, tiene un cuño metafísico e incluso teológico que se entiende por su época y su proveniencia, pero que hoy en día debiera ser objeto de un escrutinio radical. Sin embargo, es la que parece estar en la base epistemológica de muchos lingüistas contemporáneos, tanto de los que postularon la existencia de una "lógica natural" en la "estructura pro-

[7] En *El significado del significado. Una investigación sobre la influencia del lenguaje en el pensamiento y sobre ciencia simbólica*, Buenos Aires, Paidós, 1964 [1a. ed. inglesa 1923].

funda" chomskyana, como de los que piensan que los signos son sólo convenciones simbólicas de estructuras conceptuales[8]. Incluso Rosch (*op. cit.*, pp. 12, 14 y *ss.*) da a sospechar que también ella cree que hay "conceptos" o "representaciones mentales" ajenos y previos a la formación del prototipo (¡como en el platonismo!)

Si el signo lingüístico es un sustituto de la referencia, un puro soporte material de ella, las "Gestalten" creadas por el conocimiento de objetos deben permanecer en la memoria con total claridad y distintividad; los signos lingüísticos sólo "transcriben" esas estructuras conceptuales; el pensamiento es claro y distinto, sólo su expresión es trabajosa.

Pero es probable que los esquemas cognoscitivos o "Gestalten" que son los prototipos no sólo se produzcan al contacto perceptual con las cosas, sino en las situaciones prácticas en que realmente vive el ser humano, y en donde el signo lingüístico juega un papel determinante de la percepción. En ese caso, no hay necesidad de postular un plano conceptual autónomo de la lengua. El prototipo es un fenómeno cognoscitivo y verbal, que no necesita mediaciones.

[8] Por ejemplo Ronald Langacker, en *Foundations of Cognitive Grammar*, Indiana University Press, Bloomington, 1983, pp. 3 y *ss*.

Si este es el caso, lo que me parece más acorde con el necesario empirismo de toda ciencia y con un sano materialismo que nos fuerza a investigar, en vez de arrellanarnos en cualquier cuna metafísica, el prototipo no sólo es físico/fisiológico, sino que está definido previamente por la pertinencia social o cultural con que el ser humano se enfrenta a su experiencia del mundo. Sólo que, consecuentemente con esto, hemos de considerar entonces que los prototipos mejor delimitados por las investigaciones de Rosch —aquéllos en los que se despejó previamente al experimento la función del nombre— son comprobaciones básicas y fundamentales del modo de operar el conocimiento humano de las cosas del mundo, pero que todavía queda mucho por investigar en relación con la formación de esquemas de objetivación y de memoria, como los que se manifiestan en el estereotipo, y vienen a ser elementos esenciales de la teoría empírica del conocimiento.

Para varios lingüistas la teoría del prototipo tuvo el atractivo de ser una teoría anti-estructuralista y anti-aristotélica. La formación del prototipo mediante "una percepción gestaltista general sin un análisis de atributos" (como lo declaran Rosch y Marvis, *op. cit.*, p. 92), que da lugar a un esquema sintético, con un "centro" —el "mejor ejemplo"— y unos "márgenes", contradice el análisis binario de rasgos distintivos o significativos del estructuralismo, que se ha visto como manifestación de la teoría aristotélica de la definición mediante géneros próximos y diferencias específicas[9]. Se entiende que, para ellos, el análisis en prototipos viniera a constituir una atractiva nueva manera de analizar el significado de los signos. Lo que no vieron es que, en primer lugar, no hay algo como "análisis en prototipos" como sustituto del análisis de significado; el descubrimiento de "Gestalten" de objetivación y memoria (de prototipos entre ellas) debe ser resultado de una investigación sobre procesos de conocimiento en los seres humanos, es decir, debe ser un resultado empírico. Si no se procede así, lo que se hace es postular, especulativamente, que el significado de los signos *corresponde* a prototipos, lo cual, como se ha visto, resulta abusivo en relación con el valor de la teoría de Rosch y acientífico en relación con nuestros intereses de conocimiento de las lenguas. En segundo lugar, no deslindan el prototipo o la "Gestalt" del signo: los dan como idénticos, eliminando, en consecuencia, o bien la especificidad del fenómeno lingüístico (la lengua resulta etiqueta de la cognición; la lingüística se reduce a catálogo de nombres de las cosas[10]). O bien in-

[9] Al respecto, véanse los trabajos ya citados de Geeraerts y Taylor, así como el de Linda Coleman y Paul Kay, "Prototype semantics: The English Word *lie*", *Language*, 57 (1981), 26-44.

[10] Véanse las críticas de Brenda Laca en "La semántica de prototipos. ¿Hacia una lingüística de las cosas?", *Relaciones* (Montevideo), 1 (1984), 9-10 y de Eugenio Coseriu, "Semántica estructural y semántica «cognitiva»", en *Jornadas de filología.*

cluso la elemental necesidad de distinguir, en bien del experimento, el fenómeno físico/fisiológico de su "codificación", como lo hace Rosch.

El significado de los signos lingüísticos, que necesariamente debe tener sus raíces mentales en el aparato perceptual y los procesos de conocimiento de los seres humanos, es una construcción mucho más compleja de lo que hasta la fecha han descubierto Rosch y la psicología experimental: ya se vio antes que la noción del estereotipo propone problemas interesantes a la investigación de Rosch; ya se vio que la sociedad debe jugar un papel importante en la configuración de las condiciones en que se produce el conocimiento; falta agregar que los significados, tal como operan en las lenguas, le dan una dimensión cultural e histórica que, por principio de método, la psicología experimental debe manejar con extrema agudeza y delicadeza, y que en muchísimos casos no parecen ajustarse a una esquematización de centro/margen como la propone la noción del prototipo. Si se analizan los trabajos antes citados de Linda Coleman y Paul Kay, sobre la palabra inglesa *lie* ('mentir' o 'mentira'), de Taylor sobre el inglés *tall* ('alto') y de Geeraerts sobre los vocablos neerlandeses *vernielen* ('destruir') y *vernietigen* ('aniquilar') se verá

Homenaje a Francisco Marsá, Universidad de Barcelona, Barcelona, 1990, pp. 239-282.

que, en el primer caso, lo analizado no fue el significado de *lie*, sino el juicio de los individuos consultados acerca del *hecho* de haber o no mentido una persona[11]; en los dos siguientes, el análisis lingüístico, basado en datos, muestra la precisión con que esas lenguas distinguen la significación de la altura o del destruir y el aniquilar, sin poder ofrecer ningún elemento empírico sobre el proceso del conocimiento. No podía ser de otra manera: el significado es una construcción cultural elaborada *en la lengua* para distinguir la realidad, no una etiqueta de fenómenos existentes previamente en la realidad. Digámoslo en tesitura bíblica: la mentira no es un hecho natural del ser humano; vino después del pecado.

[11] Cf. mi explicación en *Teoría del diccionario monolingüe*, cap. 5, § 2.2.2.2.

METALENGUAJE Y LENGUAJE DESCRIPTIVO[1]

El lenguaje con el que se manifiesta un estudio lingüístico, en particular aquel que se utiliza para *describir* los elementos de una lengua natural, sean cuales sean esos elementos y su grado de complejidad, es objeto de constante debate y de múltiples intentos por convertirlo en un lenguaje científico objetivo y riguroso. No es extraño que así sea, puesto que no se trata solamente del problema de la constitución de un lenguaje científico adecuado a los fenómenos que

[1] El inicio de este trabajo fue posible gracias a una generosa beca de investigación que me concedió la Alexander von Humboldt Stiftung, de la República Federal de Alemania, durante el año académico 1983/84. Agradezco al Prof. Dr. Kurt Baldinger, director entonces del Seminario de Romanística de la Universidad de Heidelberg su cordial apoyo, así como las observaciones que me hizo durante todo el desarrollo de la investigación y a la primera versión de este artículo. Igualmente agradezco sus comentarios a esa primera versión a Carlos Pereda, de la Universidad Nacional Autónoma y a Rubén Chuaqui, de El Colegio de México.

estudia y fundamentado por la teoría que los define, sino que además, y a diferencia de lo que ocurre en todas las otras ciencias, se trata de un lenguaje que tiene por objeto de estudio la lengua natural, la cual al menos históricamente es la que sirve como lenguaje de descripción, tanto para todas las ciencias, como para la propia lingüística. Tal característica de la lingüística agudiza hasta el límite el problema de su lenguaje científico y pone en crisis a la vez la objetivación de los fenómenos que estudia, al manifestarla con fenómenos de la misma clase, y el carácter de objetividad de la actividad científica lingüística, en la cual el sujeto de la ciencia es a la vez el objeto de su investigación (pues, como ha señalado Eugenio Coseriu en varias ocasiones, la lengua es un saber originario del ser humano y no existe fuera de él ni en independencia suya).

Desde principios del siglo XX, pero en particular desde poco antes de la Segunda Guerra Mundial, esos intentos de elaboración de un lenguaje científico para la lingüística se han visto preñados por el espíritu científico del empirismo lógico o del "neo-positivismo", que ha marcado la historia de la filosofía de la ciencia contempóranea. No podría ser de otra manera si uno toma en consideración que la lingüística ya había hecho, para entonces, un dilatado esfuerzo para poderse distinguir tanto de la filología como de la antropología, y que el modelo de ciencia que se ofrecía a sus cultivadores estaba más cerca de la ciencia natural que de las disciplinas humanísticas. Por eso desde entonces ha habido varios intentos —logrados en diversas medidas— por constituir un lenguaje descriptivo para la lingüística que se ajuste a los ideales del empirismo lógico y el formalismo que lo caracteriza desde sus orígenes: Louis Hjelmslev, Leonard Bloomfield, Zellig Harris, Hans-Heinrich Lieb, Noam Chomsky o Klaus Heger han tomado, quien más, quien menos, ideas y puntos de partida de aquella tendencia filosófica.

Uno de los conceptos importados del neopositivismo a la lingüística es el de *metalenguaje*, que hoy se utiliza ya corrientemente en las discusiones teóricas y aun ha dado lugar a un buen número de derivados, como *metateoría*, *metanivel*, *metalexicografía*, etc. En 1978 el concepto de *metalenguaje* fue objeto de un brillante libro de Josette Rey-Debove: *Le métalangage*[2], que, hasta la fecha, constituye una aportación central a esta discusión, tanto en lo que se refiere a los problemas del uso de lenguas naturales para estudiar lenguas naturales (otras o las mismas) como en cuanto a su pormenorizado estudio de las funciones que desempeña la lengua natural en cualquier discurso para "hablar de sí misma". Hoy en día sigue siendo válido, sin embargo, el comentario de E.F. Konrad Körner[3], de

[2] Cf. Josette Rey-Debove, *Le métalangage. Étude linguistique du discours sur le langage*, Le Robert, Paris, 1978.

[3] En "The Problem of Metalanguage in Linguistic Historiography", *Studies in Language*, 17 (1993), p. 112.

que ese concepto "is not as frequently treated a subject as one might expect".

En este trabajo me propongo investigar el sentido y los límites del concepto de *metalenguaje* en lingüística porque, a pesar de todo lo que se ha utilizado y a pesar de la contribución de Rey-Debove y otros autores, me parece que hay graves confusiones acerca de lo que es o debe ser, con la consiguiente pérdida de objetividad teórica y que, además, esas confusiones conducen a una trivialización del concepto que no juzgo conveniente, si el fin de toda terminología científica es ayudar a manejar los instrumentos de método y de teoría con la mayor precisión posible. Como consecuencia de la crítica del concepto de metalenguaje, y para contribuir a despejar el carácter de la terminología lingüística, me ocuparé de definir, igualmente, los lenguajes científicos de que hace uso la lingüística.

Con el concepto de *metalenguaje* ha sucedido algo común a todas las ciencias: su invención fue tan útil y por ello tan deslumbrantemente clara, que rápidamente se extendió fuera del campo en que se creó (la fundamentación de la matemática) y pasó a las ciencias humanas, en particular a la lingüística, para la que, dado su objeto de estudio, resultaba esencial incluirlo en su pensamiento teórico.

E.F. Konrad Körner (*op. cit.*, p. 113) sostiene que el término de *metalenguaje* nació en el ámbito de la lógica y afirma que su creador fue Alfred Tarski, quien lo utilizó por primera vez en una ponencia presentada ante la Sociedad Científica de Varsovia en 1931. Pocos años después el matemático David Hilbert lo utilizó expresamente para referirse al lenguaje fundador de la matemática[4], ya que, de acuerdo con el teorema de Gödel[5], un lenguaje —en este caso la matemática— no puede fundamentarse con proposiciones elaboradas por él mismo, sino que requiere de un lenguaje de orden superior que establezca la validez de sus proposiciones y por ello lo fundamente.

Desde esa necesidad, el *metalenguaje* vale y se justifica en la medida en que se construye "por encima" y por separado del otro, que pasa a ser su *lenguaje-objeto*.

A diferencia de Hilbert, fueron en particular Alfred Tarski y Rudolf Carnap los que realizaron la primera extensión del concepto de *metalenguaje*: lo sacaron del ámbito restringido de la matemática y con él definieron todo lenguaje que fundamente el valor de verdad de las proposiciones que se hagan en un lenguaje científico particular: "We have to use two different languages in discussing the problem of the definition of truth and, more generally, any problem

[4] En Hilbert, David y Paul Bernays, *Grundlehre der Mathematik*, Berlín, 1934, p. 44.

[5] Gödel, Kurt, "Über formal unentscheidbare Sätze der *Principia mathematica* und verwandter Systeme", en *Monatshefte für Mathematik und Physik*, 38 (1931), pp. 182 y *ss*.

in the field of semantics. The first of these languages is the language which is 'talked about' and which is the subject matter of the whole discussion; the definition of truth we are seeking applies to the sentences of this language. The second is the language in which we 'talk about' the first language, and in terms of which we wish, in particular, to construct the definition of truth for the first language"[6]. El lenguaje "del que se habla" es el *lenguaje-objeto* y aquel "con el que se habla" del primero es el *metalenguaje*; de tal manera, para continuar con la metáfora de Tarski, se puede decir que un *metalenguaje* es un lenguaje que sirve "para hablar" de otro lenguaje.

La necesidad de distinguir el *metalenguaje* de su correspondiente *lenguaje-objeto* proviene de la incapacidad que tiene un lenguaje para fundamentarse a sí mismo, como lo demostró Gödel. Una irrupción del *lenguaje-objeto* en el *metalenguaje* tendría por consecuencia la indeterminación y la aparición de antinomias[7] en las proposiciones que se formularan

[6] Alfred Tarski, "The semantic conception of truth and the foundations of semantics", *Philosophy and Phenomenological Research*, 4 (1944), pp. 349 y *ss*.

[7] Posibilidad que prevé Tarski: "it can be shown that an interpretation of the metalanguage in the object-language is possible; that is to say, with any given term of the metalanguage a well determined term of the object-language can be correlated in such a way that assertible sentences of the one language turn out to be correlated with assertible sentences of the other. As a result of

en un lenguaje indistinto (antinomias ilustradas, desde Epiménides o Eubulides —a quienes se atribuye la paradoja— hasta Tarski y Bertrand Russell, mediante la paradoja del mentiroso: "Todo lo que afirmo es mentira").

Ello obliga a que el *metalenguaje* se construya por separado de su *lenguaje-objeto* y bajo ciertas condiciones: "Because of the possible occurrence of antinomies, the problem of specifying the formal structure and the vocabulary of a language in which definitions of semantic concepts are to be given becomes especially acute. [...] There are certain conditions under which the structure of a language is regarded as *exactly specified*. Thus, to specify the structure of a language we must characterize unambiguously the class of those words and expressions which are to be considered *meaningful*. [...] And we must give the so-called *rules of definition* for introducing new or *defined terms*. Furthermore, we must set up criteria for distinguishing within the class of expressions those of which we call "sentences". Finally, we must formulate the conditions under which a sentence of the language can be *asserted*" (Tarski, *op. cit.*, p. 346).

---

this interpretation, the hypothesis that a satisfactory definition of truth has been formulated in the metalanguage turns out to imply the possibility of reconstructing in that language the antinomy of the liar; and this in turn forces us to reject the hypothesis in question" (Tarski, *op. cit.*, pp. 351-352).

Un *metalenguaje* tiene que ser, además, "esencialmente más rico" que su *lenguaje-objeto*, para poder delimitar en todos los casos la estructura de éste. Según Tarski "it is not easy to give a general and precise definition of this notion of "essential richness". If we restrict ourselves to languages based on the logical theory of types, the conditions for the metalanguage to be "essentially richer" than the object language is that it contain variables of a higher logical type than those of the object language" (*op. cit.*, p. 351).

De todo lo anterior se puede concluir que, en primer lugar, un *metalenguaje* es, para los lógicos que siguen a Hilbert y a Tarski, un lenguaje cuya única finalidad y función es fundamentar el valor de verdad de las proposiciones que se hagan con un determinado *lenguaje-objeto*, sea éste la matemática (Hilbert) o cualquier otro lenguaje científico (Tarski y Carnap); en segundo lugar, el *metalenguaje* es una construcción controlada que define lo que puede tener sentido en el *lenguaje-objeto* y las reglas con que se pueden producir proposiciones con sentido en él; en tercero, un *metalenguaje* es "esencialmente más rico" que su *lenguaje-objeto*, por cuanto contiene variables de un tipo lógico superior al de las variables de éste.

Por lo que se puede observar en la lectura de las obras que constituyen los hitos de la historia de la lingüística, el pensamiento formalista y logicista no cristalizó en nuestra ciencia sino después de la Primera Guerra Mundial, muchos años después de aparecido el *Cours de linguistique générale* de Saussure, en el que el lingüista ginebrino no solamente inauguraba el esfuerzo de la lingüística por definir su objeto propio, sino que además soñaba en un futuro "algebraico" para ella, como la consecución de su definitivo carácter científico. Así, Leonard Bloomfield por un lado y Louis Hjelmslev por el otro, hubieron de ser quienes con mayor determinación pusieron manos a la obra formulada por Saussure e intentaron acercar la lingüística a la lógica y a la filosofía de la ciencia, a sus paradigmas neopositivistas y al formalismo que los colmaba.

Fue Louis Hjelmslev quien, al parecer, introdujo el término de *metalenguaje* en lingüística y a él debemos su definición más precisa: en sus ya clásicos *Prolegómenos a una teoría del lenguaje* (1943), indica: "After the development taken by logistics in the work of the Polish logicians, one is prepared for the existence of a semiotic whose *content plane* is a semiotic. This is the so called *metalanguage* (or, we should say, *metasemiotic*), by which is meant a semiotic that treats of a semiotic; in our terminology this must mean a semiotic whose content is a semiotic. Such a metasemiotic linguistics itself must be." (p. 105)[8].

[8] Si bien cito el título de la obra de Hjelmslev en español, prefiero utilizar la única traducción de su original danés *Omkring sprogteoriens grundlaggaelse* que él mismo llegó a conocer: la

Establecida la definición de que una *metasemiótica* es aquella que tiene como plano de su contenido a otra semiótica, Hjelmslev continúa dotándola de una definición formal, correspondiente al sentido que daba a sus *Prolegómenos*. Así, distingue entre semióticas científicas y semióticas no-científicas por medio de su concepto de *operación* (*op. cit.*, p. 29).

Una *operación* es para Hjelmslev una descripción acorde con el *principio de empirismo* y este principio está formado por los requerimientos científicos de que una descripción sea "free of contradiction (self-consistent), exhaustive, and as simple as possible" (p. 13). Entonces "by a *scientific semiotic* we mean a semiotic that is an operation; by a *non-scientific semiotic* we understand a semiotic that is not an operation. We accordingly define a *connotative semiotic* as a non-scientific semiotic one or more (two) of whose planes is (are) (a) semiotic (s), and a *metasemiotic* as a scientific semiotic one or more (two) of whose planes is (are) (a) semiotic(s)." (p. 106).

El *metalenguaje* es, por lo tanto, una *metasemiótica* definida por una operación acorde con el principio de empirismo. Se puede argumentar que esta definición solamente vale para quien quiera ajustarse

---

de F.J.Whitfield, *Prolegomena to a Theory of Language* supplement to *IJAL*, 19, núm. 1, Indiana University Publications in Anthropology and Linguistics, y referir a las páginas del original danés, que reproducen tanto la edición inglesa como la española.

al peculiar modo de hacer lingüística que inventó Hjelmslev y desarrolló en principio Ulldall en su *Outline of Glossematics*[9]. Cierto; pero lo interesante es, por un lado, reconocer a qué obedecía esta forma de introducir el concepto de *metalenguaje* en lingüística y, por el otro, recuperar el sentido del concepto hjelmsleviano que, como se verá más abajo, ha sido el que más se cita en lingüística contemporánea.

Aparentemente el concepto recién creado por Hjelmslev no se contrapone con el de Hilbert y Tarski, en la medida en que:

a) al definir la *metasemiótica* (*metalenguaje*) como una semiótica cuyo plano del contenido es una semiótica, lo que está queriendo decir es que un *metalenguaje*, articulado de acuerdo con la teoría saussureana del signo, es un lenguaje cuyo *significado* es a su vez un lenguaje; es decir, un *metalenguaje* es un lenguaje que trata de otro lenguaje, tal como lo daba a entender Tarski;

b) al definir la *metasemiótica* (*metalenguaje*) como resultado de una *operación*, lo que señala es el hecho de que se trata de un lenguaje *controlado*, animado por los principios de coherencia interna, ex-

[9] Este libro, que habían planeado completar juntos Hjelmslev y Uldall como décimo volumen de los *Travaux du Cercle Linguistique de Copenhague*, contiene la primera parte del "Study in the methodology of the Humanities with special reference to Linguistics", publicado en Copenhague, Nordisk Sprog- og Kulturforlag, 1957.

haustividad y sencillez. Se puede considerar que la *operación* de Hjelmslev es análoga al conjunto de requisitos de especificación de un *metalenguaje* expuestos por Tarski —como se citan más arriba— y que, dada la condición de exhaustividad de Hjelmslev, su metalenguaje es "esencialmente más rico" que un lenguaje que constituya su objeto.

Para Hjelmslev la lingüística debía ser una *metasemiótica*, como se ha notado al final de la cita de la página 105 de los *Prolegómenos*. El motivo para afirmar que la lingüística debe ser una *metasemiótica* (*un metalenguaje*) es simple: la lingüística tiene por objeto un lenguaje, que es la lengua natural, ordinaria, o de todos los días. Este *lenguaje-objeto* constituye para la lingüística su significado, es decir, es el tema a propósito del cual habla y por ello solamente puede concebirse como el *plano del contenido* del esquema hjelmsleviano del signo lingüístico:

$$\underset{\text{(metalenguaje)}}{\text{signo de la lingüística:}} \left\{ \frac{\text{signo lingüístico: } \left\{ \frac{\text{contenido}}{\text{expresión}} \right.}{\text{expresión}} \right.$$

Siendo esa la manera en que está constituido el *metalenguaje*, hay que preguntarse en seguida en qué consiste su plano de la expresión: lo primero en lo que podría pensarse es que se trate de un conjunto de grafías simbólicas, asociadas una a una a los elementos correspondientes al plano de contenido. Si tal fuera el caso, el plano de la expresión del *metalenguaje* es una representación simbólica del plano del contenido, que solamente podrá operar de acuerdo con las reglas de funcionamiento de este plano. El carácter biplano del signo lingüístico, central para la definición de "lengua" de Hjelmslev y de Saussure, se disuelve en un lenguaje monoplano, y los símbolos que formen el plano de la expresión serán semejantes, por ejemplo, a la taquigrafía o al alfabeto Morse. No habría, de hecho, metalenguaje ni formalización en un sentido estricto y útil, sino solamente una colección de simbolismos triviales (Véase también la prevención que hace en este sentido Tarski, en la nota 7).

Podría también consistir en un conjunto de símbolos articulados, de carácter formal y definidos por un conjunto de operaciones matemáticas o lógicas (algoritmos), que permitieran al menos un manejo descriptivo de la lengua natural. Se trataría entonces de un plano de la expresión del metalenguaje de carácter algorítmico controlado, cuya combinatoria estaría bien definida y cuyas variables se introducirían por definición, sea axiomática, o sea constructiva. En principio, tales son los casos de la gramática transformacional, la lingüística integrativa de H.H. Lieb y, por supuesto, de la nunca practicada glosemática. Como se ve en estos casos, el plano de la expresión del supuesto *metalenguaje* es diferente de su *lenguaje-objeto*, al menos en cuanto a su expresión: se basa en principios de construcción bien determinados (la regla de reescritura, el manejo de la recursividad en la teoría de los lenguajes formales, los conectivos y las reglas de inferencia lógicas, etc.). Es tarea del lingüista definir sus algoritmos, y tratar de resolver en su nivel todos los casos complejos de la descripción de una lengua real[10]. Más adelante volveré a tratar estos supuestos "metalenguajes".

2.2. En su libro *Le métalangage*, Josette Rey-Debove no solamente ofrece una interpretación de la definición hjelmsleviana del *metalenguaje* sino que, además, la desarrolla para resolver el problema que plantea el uso de la lengua natural en la reflexión y en la descripción de la lengua natural En esta concepción, el *metalenguaje* no es ya solamente una construcción científica, sino que es la misma lengua natural, convertida en "metalenguaje natural"[11].

Para hacerlo toma el concepto de Hjelmslev del *metalenguaje* y resuelve de otra manera el problema de lo que constituye su plano de la expresión: elabo-

[10] Es éste, a mi juicio, el verdadero papel de la investigación emprendida por Noam Chomsky hace más de cuarenta años. Las discusiones de la escuela transformacionalista tienen por objeto la búsqueda de algoritmos de descripción de las lenguas (sobre la base del inglés) y no, como muchos creen —también entre ellos— el conocimiento de las lenguas o de la capacidad humana de hablar lenguas.

[11] Pensado a la manera de Hjelmslev, el "metalenguaje natural" de Rey-Debove es una "semiótica connotativa".

ra un artificio mediante el cual el plano de la expresión del *metalenguaje* es el mismo que el plano de la expresión del *lenguaje-objeto*:

$$\text{signo metalingüístico:}\left\{\frac{\text{signo lingüístico:}\left\{\dfrac{\text{contenido (Sc)}}{\text{expresión (Se)}}\right.}{\text{expresión (Se)}}\right.$$

(En donde *Sc* quiere decir signo-contenido y *Se* signo-expresión; nótese, en consecuencia, que la expresión del "signo metalingüístico" es idéntica con la del "signo lingüístico")

De esa manera lo que gana es conservar intacto el axioma saussureano de la naturaleza del signo lingüístico, que pide la existencia de una relación solidaria entre un *significado* (*un contenido*) y un *significante* (*una expresión*), pero de un modo todavía más radical, en cuanto así intenta explicar la posibilidad de que una lengua natural se convierta en su propio metalenguaje, efecto al cual Hjelmslev tenía que llegar por otro camino (cf. *infra* (b)).

Pero al constituir un desarrollo de la idea de Hjelmslev acerca de lo que es un *metalenguaje* aparecen varias diferencias con las definiciones de éste, diferencias que consisten en:

a) Si para Hjelmslev el *metalenguaje* es efecto de una *operación* científica (cf. *supra*), Rey-Debove extiende el concepto a todos los casos en que se habla de la lengua natural utilizando la misma lengua natural;

de ahí que proponga la idea de un *metalenguaje natural*, como una característica propia de todas las lenguas, basada en su calidad semiótica[12] de servir como lenguajes intérpretes de todos los demás lenguajes.

b) Para Hjelmslev también es cierto que "usually a metasemiotic will be (or can be) wholly or partly identical with its object semiotic. Thus the linguist who describes a language will himself be able to use that language in the description" (*op. cit.*, p. 106), pero entonces lo que constituye un metalenguaje es fundamentalmente su manera de organizar su estudio del lenguaje-objeto, junto con una *terminología metalingüística*, que defina los términos propios de cada nivel metalingüístico[13]. Para Rey-Debove igualmen-

[12] "A language is a semiotic into which all other semiotics may be translated —both all other languages, and all other conceivable semiotic structures. This translatability rests on the fact that languages and they alone, are in a position to form any purport whatsoever; in a language, and only in a language, we can "work over the inexpressable until it is expressed". It is this quality that makes a language usable as a language, capable of giving satisfaction in any situation" (Hjelmslev, *Prolegómenos*, p. 97).

[13] Como lo explica a la siguiente página: "metasemiology [un metalenguaje] must therefore direct its interest, not toward the language, already described by semiology, which semiology uses, but toward the eventual modifications of it or additions to it which semiology has introduced to produce its *special jargon*. And it is likewise clear that metasemiology must not yield a description of the propositions that enter into the theory of semiology, if it can prove that these propositions are possible units that

te, no sólo es cierto que existe una terminología —el *término metalingüístico*, que ejemplifica con *verbe, suffixe, phrase, dire, étymologique*, etc. (*Le métalangage*, p. 2)— sino todo un "sub-sistema" de la lengua natural, compuesto por: a) esos términos metalingüísticos; b) un léxico autonímico, que "nombra" al léxico de la lengua en cuestión y viene a constituir un sistema léxico *homónimo* del léxico de la lengua natural, puesto que se trata de este léxico, designado o nombrado por sí mismo: "*casa*", por ejemplo, será una palabra autonímica que nombra a *casa*, el signo de la lengua natural que significa 'habitación de una familia, ...'[14]; c) un vocabulario neutral, como las

---

could already been foreseen from the system of the language. Its sphere is, on the contrary, the special *terminology* of semiology" (*ibid.*, p. 107; las cursivas de *special jargon* son mías).

[14] Esta interpretación de lo que tradicionalmente se ha venido llamando *mención* en filosofía (cf. Quine, "Use versus mention", p. 24, en *Mathematical Logic*, reproducido en Zabeeh *et al.*, eds., *Readings in Semantics*, 91-94) para distinguir la cita de un signo de su *uso*, sigue de cerca a Carnap y a Tarski, quienes conciben la *mención* como *nombre* de un signo, cualquiera que sea su composición interna y su amplitud (cf. Tarski, *op. cit.*, p. 350), pero de manera brillante resuelve la estrechez con que la trataban esos mismos autores —estrechez que Searle (en *Speech acts. An Essay in the Philosophy of Language*, Cambridge Univ. Press, 1969, p. 74) ridiculiza— destacando la importancia de que, aun tratándose, en el caso de la *mención* de un nombre de un signo (*signo de signo*, dice Rey-Debove, *Le métalangage*, pp. 28, 29, 36, etc.) la relación entre el nombre y el signo nombrado no

preposiciones, las conjunciones, etc.; y d) las reglas con que se manifiesta el "discurso metalingüístico" (*op. cit.*, p. 3)[15].

Así, el *metalenguaje* de Hjelmslev da lugar al *metalenguaje* de Rey-Debove. En relación con aquél, como se ha visto, la propuesta de Rey-Debove es al mismo tiempo un desarrollo y una ampliación. Desarrollo y ampliación, por cuanto extiende el concepto al uso "familiar" o "natural" de la lengua ordinaria

---

es arbitraria en la realidad, pues el signo no pierde su significado de la lengua natural y por ello no es posible, como dice Searle, nombrar el signo *Sócrates* con el signo "John". Estos nombres de signos son los signos autonímicos —término de Carnap— que Rey-Debove incluye en el *metalenguaje* y que, de hecho, como se señala más adelante, son la mejor ilustración del efecto del concepto de *metalenguaje* seguido por Rey-Debove. De acuerdo con ese concepto, naturalmente, los signos autonímicos resultan homónimos de los signos a los que nombran.

[15] No es clara la clase de existencia que confiere Rey-Debove a este "subsistema" *metalingüístico* de la lengua natural, pues a lo largo de su obra habla también de una "función metalingüística" de la lengua natural, lo que no implicaría necesariamente la existencia teórica (y no digamos real) de tal subsistema: "La fonction métalinguistique est à la fois une prise en charge par le langage de la description des langues, et une autorégulation des moyens d'expression et de communication d'une langue" (*op. cit.*, p. 1). Se refiere también a ese carácter metalingüístico de la lengua natural como un efecto del discurso: "La saisie de la fonction métalinguistique se fait en discours" (*op. cit.*, p. 20), aunque de inmediato agrega: "Mais il est aisé de constater que ces faits de discours correspondent, pour une grande partie, à une codifi-

para referirse a ella misma; Hjelmslev, por el contrario, postulaba el *metalenguaje* como una *semiótica científica* y dejaba para todo el ámbito de la lengua natural, el concepto de *semiótica connotativa*[16].

También debe quedar suficientemente claro que Josette Rey-Debove define su concepto de *metalenguaje* de manera distinta a como lo hace la lógica para poderlo integrar a una visión lingüística. En efecto, a la definición lógica del *metalenguaje* como fundamentador de su *lenguaje-objeto* y por ello, como definidor de sus valores de verdad, Rey-Debove contra-

---

cation, donc à un système en langue, ne serait-ce qu'en considérant des faits lexicaux, par example l'existence des mots *vox*, *mot*, *word*, *palabra*, *Wort*". En otro lugar se trata de un "usage métalinguistique qui ne constitue pas, même chez les linguistes, un langage scientifique" (*op. cit.*, p. 7). El carácter de tal "subsistema" no deja de ser extraño, al menos cuantitativamente, pues si "Une langue donnée L1 enferme un sous-système de L1 destiné à parler de L1 (et éventuellement d'autres langues), sous-système dont le lexique comprend des mots métalinguistiques et des mots autonymes" y "les mots autonymes ("qui se désignent eux-mêmes") sont homomorphes de tous les autres mots du lexique de L1" (*op. cit.*, p. 2), entonces el subsistema será mayor que el sistema del que forma parte, pues lo dobla con su léxico autonímico y el léxico metalingüístico.

[16] Como lo señalé antes, dado el juego de oposiciones y relaciones que ofrece Hjelmslev para definir tipos de lenguaje, es su *semiótica connotativa*, en la que ambos planos (contenido y expresión) están formados por lenguajes no científicos, la que, a final de cuentas, podría corresponder a las características de la lengua natural.

pone la idea de que, evidentemente, no es posible concebir un *metalenguaje* que, en relación con la lengua natural como su objeto, defina lo que pueda ser verdad en ella: "Même dans sa forme scientifique, le métalangage en langue naturelle ne saurait dire le vrai sur le langage, comme en témoigne la diversité des théories linguistiques et les discussions qu'elles suscitent. Quant au métalangage familier, il dit le vrai, le faux, le contradictoire, le tautologique, comme le langage familier. Et c'est cette forme de métalangage qui relève de la description des langues par le linguiste" (*op. cit.*, p. 16). Indudablemente esta es una diferencia clara y no solamente para un lingüista, sino también para un lógico. Tarski replicaría que de esa manera la indeterminación y las antinomias que se producen con el uso de la lengua natural se volverían a presentar con una definición tal del metalenguaje.

Además, Rey-Debove se opone a que el *metalenguaje* pueda "ser más rico" (cf. Tarski, *op. cit.*, p. 350) que el *lenguaje-objeto* (la lengua natural) y contenga variables de un orden superior, porque "affirmer que le métalangage doit être plus riche que le langage objet et contenir des variables de type supérieur, revient à affirmer que le sémantisme du premier doit inclure celui du second, car il ne s'agit évidemment pas seulement du nombre des symboles mais surtout du nombre des éléments de signification." (*Le métalangage*, pp. 19-20). En realidad, como se ha visto, la tarea del *metalenguaje* tarskiano es definir las condiciones bajo las cuales una proposición en su *lenguaje-objeto* puede ser verdadera; solamente eso, pero nada menos que eso.

Hay que preguntarse cómo llega Rey-Debove a la idea de que el *metalenguaje* incluya al *lenguaje-objeto*. Es claro que Tarski sólo propone que las variables del metalenguaje deben ser de un tipo lógico superior, como para poder definir los valores de verdad de su lenguaje-objeto. Probablemente lo que conduce a la idea de un "semantismo contenido en su totalidad en el metalenguaje" sea la manera en que define Hjelmslev la *metasemiótica*, en la que todo el lenguaje-objeto queda "contenido" en el esquema del metalenguaje como su *plano del contenido*. A esa idea debe contribuir también la hipótesis de Rey-Debove, de que existe un metalenguaje natural, nacida de la observación de que la lengua natural realmente se usa, tanto para describirse a sí misma, como para describir otras lenguas naturales, así como para describir fenómenos de la experiencia que interesan a las demás ciencias y a la lógica.

Rey-Debove considera que la idea de la inclusión del *lenguaje-objeto* en el *metalenguaje*, atribuida a los lógicos, "vient du fait que la vérité des phrases de *n* [el lenguaje-objeto] se prouve par des phrases où le signifié mondain intervient: «Il pleut» est vrai si et seulement s'il pleut [en la que] cette phrase métalinguistique se trouve à cheval sur deux systèmes sémiotiques, celui de la langue ("il pleut") et celui du monde (il pleut), [mientras que] pour les linguistes, il ne s'agit pas de savoir si "il pleut" est une phrase vraie, mais si "il pleut" est une phrase acceptable; le logicien met en relation des énoncés exprimés en langue ordinaire, alors que le linguiste reste à *l'interieur du système langagier qui est un système immanent.* Aucune preuve de ses dires ne peut être cherchée à l'extérieur du langage" (*Le métalangage*, p. 14; subrayado mío).

La definición tarskiana del metalenguaje lleva, al contrario de lo que afirma Rey-Debove, al siguiente análisis de la oración que sirve de ejemplo:

["il pleut"] $_{\textit{lenguaje-objeto}}$ es verdadera si y sólo si es verdad que llueve $_{\textit{metalenguaje}}$[17].

en la que se trata de comprobar, mediante algún procedimiento lógico, si la oración "il pleut" corresponde a un acontecimiento en el mundo real (o en algún mundo posible). Por eso mismo juzga Tarski que la idea del metalenguaje sirve para eliminar antinomias y paradojas. En la oración "Todo lo que afirmo es mentira", "todo lo que afirmo" es expresión del lenguaje-objeto, mientras que "es mentira" lo es del metalenguaje. La paradoja se produce, en efecto, en el uso "metalingüístico" de la lengua natural.

[17] Aprovecho la ventaja que me ofrece el uso del español en este artículo para distinguir los dos diferentes lenguajes del ejemplo. Es obvio que la oración "est vrai si et seulement s'il est vrai qu'il pleut" es del metalenguaje tarskiano.

Es este uso lo que complica la explicación de Tarski, pero en realidad el metalenguaje podría tener otras características, como una fórmula que desencadenara un procedimiento físico de verificación, mediante el cual se obtuvieran datos a propósito de si es un hecho real que llueve en el momento en que se enuncia la oración. El lenguaje simbólico de la lógica y sus características sintácticas son también ese metalenguaje, en el concepto tarskiano.

Por el contrario, Rey-Debove afirma que la comprobación de los acontecimientos que dan lugar a una expresión verbal no es el objeto de la lingüística, sino la expresión misma. En efecto, esa ha sido la diferencia fundamental entre el punto de vista lógico y el lingüístico acerca de la lengua natural, al menos desde el siglo XIX, como se puede leer en la *Teoría del lenguaje* de Karl Bühler (t. I, § 4, pp. 116-117)[18], por ejemplo.

Podría uno quedar convencido de la justeza de la definición del *metalenguaje* por Rey-Debove y seguirla en su definición del "metalenguaje natural", si aceptara que la eliminación de antinomias es sólo un prurito lógico que no interesa al lingüista, cuyo verdadero objetivo es la lengua natural, su discurso y el hecho, fácilmente comprobable, de que con ella se dicen verdades y también se miente. Los intereses

[18] Quien dice tomarlo de la *Grammatik, Logik und Psychologie*, de Hugo Steinthal, 1855, pp. 220 y *ss*.

científicos de Tarski resultarían impertinentes para la lingüística y ésta podría quedar contenta con una definición propia del metalenguaje, diferente de la de la lógica y la filosofía de la ciencia.

La diferencia central entre ambas concepciones y que es la que merece mayor análisis, estriba en que el "metalenguaje" de Rey-Debove es un *lenguaje descriptivo* de la lingüística, no un lenguaje fundador de las proposiciones que se puedan hacer con ella a propósito de la lengua natural; no es que el lógico ponga en relación "dos sistemas semióticos": el de la lengua natural y el del mundo real (¿el mundo real es en sí mismo una significación, según Rey-Debove?) y el lingüista, por el contrario, se encierre en el sistema lingüístico (una idea cautivadora del estructuralismo francés de los años sesenta).

Rey-Debove y Tarski discrepan, en conclusión, en tres asuntos centrales: en primer lugar, el de la relación de fundamentación de lo verdadero en el *lenguaje-objeto* por el *metalenguaje*; en segundo, concomitante con el anterior, en que para Rey-Debove el *metalenguaje* es un *lenguaje de descripción lingüística*; en tercero, el de la relación de mayor riqueza del *metalenguaje* respecto al *lenguaje-objeto*.

Me atrevo a afirmar que la interpretación hjelmsleviana del concepto de *metalenguaje* requiere mayor análisis que el que se encuentra en los *Prolegómenos*; y que la interpretación que hace de ella Rey-Debove desconoce las ventajas del concepto de

Hilbert, e incluso de Tarski, y que no ayuda ni a comprender el papel del lenguaje descriptivo que utiliza la lingüística, ni a aclarar la opacidad que se introduce en ella cuando se utiliza la lengua natural como "metalenguaje"[19].

Para sostener esos juicios he de comenzar con la afirmación trivial, pero necesaria, de que la *lengua-objeto* de la lingüística y el *lenguaje-objeto* del metalenguaje lógico no son, por principio, lo mismo, a pesar de la ilusión causada por las palabras que los designan (en particular en inglés y en lenguas en donde no se hace la distinción entre *lengua* y *lenguaje).* Si *lengua-objeto* (de la *lingüística*) y *lenguaje-objeto* (del *metalenguaje*) se consideran idénticos porque en ambos casos sucede que son objeto de un "lenguaje que sirve para hablar de ellos, que son a su vez lenguajes", la definición tarskiana o es un contrasentido o es inaplicable a la lengua natural, pues nadie puede pretender que de veras pueda construirse un "metalenguaje" que defina los valores de verdad de la lengua natural y fundamente su sentido.

La función del *lenguaje de la lingüística* que interesa a Hjelmslev, a Rey-Debove y a muchos lingüistas es más bien, en primera instancia, la de *describir su lengua objeto* (y no es casual que Hjelmslev

[19] Aunque hay que resaltar la valiosa contribución de Rey-Debove al estudio de los muchos casos en los que una reflexión de la lengua natural se manifiesta en el discurso hablado y escrito.

y Rey-Debove hablen siempre de descripción cuando se refieren al papel de su "metalenguaje" en el estudio de una lengua natural). La función de un *metalenguaje* en cambio, a partir de Hilbert y Tarski, no es descriptiva, sino fundadora, definitoria de lo que se puede afirmar con sentido en una teoría.

Se podría, sin embargo, pensar que, dado que la lingüística tiene una relación completamente *sui generis* con su objeto de estudio, relación que no se encuentra en ningún otro campo del conocimiento, su definición del *metalenguaje* tiene derecho a ser distinta de la de la lógica, a pesar de la polisemia que se produciría en el término en cuestión.

Para considerar esa posibilidad habrá que explorar cómo se establece la relación entre la lingüística y su objeto: se puede uno preguntar si esa relación es cualitativamente distinta, en primera instancia, de la que existe entre otras ciencias y sus respectivos objetos. Supóngase que hay dos enunciados:

(1) No hay *pero* que valga
(2) *Pero* es una conjunción

El primero corresponde a la cultura lingüística hispánica y no por ser un dicho deja de implicar una reflexión sobre la lengua (segregar la voz *pero*, como signo de todas las adversaciones que una persona quiera esgrimir para dejar de hacer alguna cosa o para rehuir un compromiso), una reflexión no científica sobre la lengua, sino "cultural", producida en un momento del pensamiento reflexivo práctico de la comunidad hispánica a propósito de los decires en su lengua.

El segundo corresponde a una descripción gramatical —que, para los fines de este artículo, considero "científica"— elaborada con la lengua natural como medio de expresión, lo cual implica en cierto sentido otra modalidad de la reflexión lingüística. Para Rey-Debove ambos ejemplos son enunciados metalingüísticos (y lo que estoy explicando acerca de ellos tendrá que ser meta-metalingüístico).

Me parece que el hecho de la objetivación de un signo lingüístico y su descripción mediante la lengua ordinaria, proveniente de la cultura lingüística que todo hablante lleva consigo como resultado de su carácter social (de ahí que en muchas lenguas, por lo que parece comprobarse, haya medios para objetivar sus signos y términos proto-gramaticales como *palabra* y *oración*), es el mismo que se produce en la observación y descripción de un acontecimiento o de un objeto del mundo sensible, que es lo que se da en la descripción científica primaria. Así por ejemplo, la primera observación al microscopio de ciertos pequeñísimos cuerpos que, además, estaban dotados de movimiento y reaccionaban a algunos reactivos, dio lugar a términos como *microbio* y *bacteria*, que reflejan precisamente el uso práctico de una lengua natural (en estos casos, el griego) para significar una observación interesante —el principal valor de las lenguas para todos los seres humanos—; sólo posteriormente y como resultado de su estudio científico vendrían a precisarse en la biología como términos científicos[20]. Rudolf Carnap llama al lenguaje que se maneja en ese momento "lenguaje de observación" (*Beobachtungssprache*)[21], yo preferiría llamarlo, por lo menos en el caso de la lingüística, "lenguaje descriptivo".

Para Carnap el "lenguaje de observación" no implica todavía la existencia de una teoría que dé sentido a sus términos, ni la aplicación de una sintaxis controlada, diferente de la de la lengua natural, que permita verificar el valor de sus proposiciones; tal teoría aparece solamente después, controlada por un *metalenguaje* producido por la ciencia. Dice Carnap: "Die primitiven, deskriptiven Konstanten von L_B [el lenguaje de observación], nennen wir *Beobachtungsterme* oder *B-Terme*; diese bezeichnen beobachtbare Gegenstände oder Vorgänge, und beobachtbare Eigenschaften und Beziehungen solcher Gegenstände" (*op. cit.*, p. 33). Ciertamente que los términos de descripción no son efectos espontáneos del contacto

[20] Sobre su etimología, que da fundamento a mi explicación, véase el *Diccionario crítico-etimológico castellano e hispánico* de Joan Corominas y José Antonio Pascual, *s.v.*

[21] En Rudolf Carnap, "Beobachtungssprache und theoretische Sprache", en *Logica. Studia Paul Bernays Dedicata*, Neuchatel, 1959, pp. 32 y *ss*.

simple y "puro" de un individuo con las cosas (o las palabras) en sí[22], sino que implican una experiencia previa, socializada, educada, que determina el cómo del contacto. Para hablar de cosas que interesan a la física o a la química, las palabras *frío*, *duro* o *blanco* (que Carnap atribuye al lenguaje de observación) representan experiencias objetivas y prácticas de un experimentador que, además, es hablante de una lengua natural, que es la que le ofrece esos "términos"; sólo

[22] A propósito del término "lenguaje-objeto" cita Rey-Debove (*Le métalangage*, p. 15) la confusión que se crea con el concepto de Russell de un lenguaje para designar objetos (¿"lenguaje objetal", en español?). Tal confusión es artificial en cuanto se refiere al tema que aquí se trata, pues es bien claro que ese "lenguaje objetal" no tiene nada que ver con el *lenguaje-objeto* de un *metalenguaje*; sin embargo es interesante señalar que la interpretación del "lenguaje objetal" hecha por Ervin László en "Is the primary-language an object-language?", *Foundations of Language*, 11 (1965) —ociosa en relación con el sentido del término para Russell—, saca a relucir la cuestión central de lo que puede ser un lenguaje de observación: este lenguaje no corresponde biunívocamente a características del objeto en sí, sino a la conceptualización de características que produce el individuo real (social) a partir de una experiencia que, para efectos de la ciencia, nunca es espontánea e inédita, sino recibida y preformada por la práctica social. En ese sentido el lenguaje de observación, con ser primario en cuanto a su grado de elaboración, no es primitivo y no depende de la cosa en sí. Por eso me parece comparable la observación de la lengua manifiesta en la reflexión lingüística, con la observación del mundo sensible, manifiesta en el lenguaje de observación de Carnap.

más tarde, a base de teoría y método científico, podrá reinterpretar, en un *lenguaje teórico* (Carnap, *ibidem*) formulado por cada ciencia en cuestión, el sentido de esos *términos*, ya sea asignando a ellos parámetros de medida o eliminándolos por completo para sustituirlos por términos científicos controlados[23]. Cuando se habla de entidades lingüísticas, como tal o cual palabra, tal o cual expresión, tal o cual función de un signo, la propia lengua natural ofrece una *terminología descriptiva* heredada por su cultura —posiblemente tanto más elaborada cuanto más se haya desarrollado, en cada lengua particular, la objetivación reflexiva— de carácter análogo y de origen idéntico al de las objetivaciones de cosas que constituyen los objetos del resto de las ciencias[24]. Tocará posteriormente a la lingüística como ciencia reinterpretar aquella terminología descriptiva en un lenguaje teórico, establecido de acuerdo con los principios epis-

[23] Véase en este mismo libro el artículo "«Conceptos» y jerarquía de términos".

[24] Joseph H. Greenberg, en una ponencia presentada en el Center for Applied Linguistics de Washington, en abril de 1970, titulada "On the 'language of observation' in linguistics", no logra percibir ni lo que Carnap entiende por "lenguaje de observación", ni el papel de la lengua natural en la observación lingüística; para él, la única manera de entender una terminología "proto-teórica" o "transteórica" es adjudicándole un carácter axiomático. Como si el uso de la lengua real requiriera una axiomatización previa.

temológicos que la rijan. Así, siendo el fenómeno de los lenguajes de observación de las ciencias y de la lingüística el mismo, o de la misma clase, no parece haber razón para convenir en que el lenguaje descriptivo que utilizan los hablantes y los lingüistas en un primer momento se llame "metalenguaje", mientras que el lenguaje de observación de las otras ciencias no merezca este nombre; al revés, si la relación entre el lenguaje de observación de las ciencias y sus objetos no es "metalingüística", tampoco lo es la relación de la lingüística o del "discurso ordinario sobre la lengua" con la lengua. Y si el concepto de *metalenguaje* tiene un sentido preciso en las otras ciencias, una convención lingüística que produce polisemia en el término solamente confunde e impide una comprensión clara del carácter científico de la lingüística, con el agravante de que opera una confusión de las convenientes correspondencias entre los niveles de lenguaje de las demás ciencias y de la lingüística[25].

[25] Lo que nota Rey-Debove cuando asienta que: "Le métalangage formalisé n'est pas, épistémologiquement, dans la situation de la métalogique et de la métamathématique. Celles-ci, en effet, rendent compte d'un langage artificiel qui lui-même s'appuie sur le langage naturel, alors que le métalangage formalisé rend compte directement du langage naturel. De telle sorte que, de ce point de vue, la linguistique formalisée est comparable à la logistique plutòt qu'à la métalogique, aux mathématiques plutot qu'à la métamathématique. La linguistique est donc, dans la hiérarchie des langages formalisés, un langage formalisé premier,

En el siguiente cuadro se puede comparar el efecto de la confusión entre *lenguaje de descripción o de observación* (Carnap: *Beobachtungssprache*) y *metalenguaje* en lingüística:

otras ciencias	*lingüística*
lenguaje de observación	metalenguaje
lenguaje teórico	meta-metalenguaje (o metalenguaje teórico?)
metalenguaje	metalenguaje de tercer grado

Por el contrario, lo que he venido tratando de demostrar es que la lingüística no es, en cuanto a su carácter de ciencia empírica, diferente de las otras ciencias y que *un lenguaje de descripción o de observación no es un metalenguaje*. El cuadro anterior se corrige como sigue:

ciencias empíricas (incluída entre ellas la *lingüística*)
lenguajes de observación y de descripción
lenguajes teóricos
metalenguajes

Para aclarar aún más el papel del lenguaje de descripción entre las demás ciencias y la lingüística en el sentido de las ideas de Carnap, se puede agregar

qui appelle forcément un langage formalisé second pour en vérifier la consistance" (*op. cit.*, p. 8).

que, estrictamente hablando, el lenguaje de descripción de la lingüística está en una relación paralela con la lógica respecto a la lengua natural, pues ambos son lenguajes que se ocupan de ella para someterla a sus finalidades especificas. La lógica es un lenguaje construido para controlar los valores de verdad de las proposiciones hechas en lengua natural que tienen por función una predicación a propósito del mundo y, en consecuencia, requieren una verificación del orden ontológico. Sea una lógica aristotélica o una lógica simbólica, sea de primer orden o sea polivalente, se trata siempre de un lenguaje que se cierne sobre las expresiones de la lengua natural y las reduce (aunque esta reducción pueda resultar más compleja y larga que aquéllas) —no las refleja especularmente— a términos controlables por su sistema de valores de verdad y su juego de reglas de inferencia.

La razón por la que la lógica toma por objeto expresiones de la lengua natural es la necesidad de asegurar su veracidad para el conocimiento científico, por lo que esas expresiones no suelen ser las del discurso ordinario, sino las del discurso científico. Se sigue que la lógica puede tomar por objeto expresiones del lenguaje descriptivo de la lingüística con fines similares, y entonces la lógica sirve de instrumento a la elaboración de un lenguaje teórico de la lingüística[26].

[26] Hay que señalar que esta posibilidad, ofrecida entre otros por el propio Carnap, se concibe también como *metalenguaje*: la

Ahora bien, como efectivamente la lingüística requiere del establecimiento de un lenguaje que le permita manifestar su conocimiento de la lengua natural mediante proposiciones verdaderas, las dos cuestiones primarias que tiene que resolver son: a) cómo concebir sus lenguajes de descripción y b) cómo construirlos, de manera que se distancien del semantismo de las lenguas naturales que utiliza en su primera y necesaria aproximación a otras lenguas o a esas mismas lenguas tomadas como objeto de estudio, y den lugar a proposiciones objetivas y verificables acerca de ellas.

En estos dos aspectos, ni el concepto hjelmsleviano de *metalenguaje* ni el de Rey-Debove contribuyen realmente a desarrollar una adecuada idea de lo que son y deben ser los lenguajes de descripción de la lingüística.

Ya se vio arriba que Hjelmslev, a fuerza de reconocer el hecho de que generalmente se usan las lenguas naturales como "metalenguajes" para describir

lógica, metalenguaje de la lingüística o lenguaje de la descripción. Carnap cae también en la confusión de lo que es un metalenguaje: "The *metalanguage* in which [the linguist] formulates the description of a natural language, is itself not a part of natural language but rather a part of the *language of science;* therefore this metalanguage should be —and usually is— much more exact than the language which he describes. I have no doubt that the best procedure for this metalanguage would be to use the sharp dichotomies of two valued logic" (*op. cit.*, p. 40; yo subrayo).

otras lenguas naturales o a ellas mismas, termina por afirmar que su "metalenguaje" se reduce a un vocabulario especializado, un *special jargon* (cf., n. 13). Rey-Debove, por su parte, convierte el uso de la lengua natural como lenguaje de descripción en un "metalenguaje natural". En uno y en otro caso, el concepto hilbertiano y tarskiano del metalenguaje se desvirtúa y reintroduce las antinomias en todas su proposiciones.

Hay que reflexionar entonces sobre lo que es ese *special jargon* de la lingüística o esa *terminología metalingüística* a los que imputan Hjelmslev y Rey-Debove la naturaleza de metalenguaje. Es innegable que la lingüística, a lo largo de su historia, ha utilizado alguna lengua natural como lenguaje de descripción de ella misma o de otra. A pesar de que, en el origen del pensamiento propiamente lingüístico se encuentre el deseo de conocer un fenómeno humano *otro*, como lo son los miles de lenguas que hay en el mundo —igual que en la antropología—, su capacidad para pensar esos otros lenguajes, esos miles de lenguas que se hablan en el mundo fuera de los territorios de las lenguas europeas herederas de la cultura greco-latina, en donde se inventó la lingüística que practicamos, depende del instrumento que utilice para pensar en ellas y describirlas. La primera reflexión sobre las lenguas (en la tradición europea, que hoy se ha vuelto universal) se hizo en griego y no, por cierto, con interés descriptivo, como el que se manifiesta hoy en día para conocer el tzeltal o el menómini, sino para asegurar un conocimiento verdadero de la experiencia humana, propio de la lógica y la ontología. La gramática griega era entonces un principio de clasificación y de reconocimiento de las propiedades del griego ordenado al conocimiento en sí, no al reconocimiento de las peculiaridades de la lengua materna de los griegos.

La primera utilización de esa gramática griega como instrumento de conocimiento de otra lengua se dio, en cambio, en Roma. Los gramáticos latinos fueron los primeros en desligar la gramática de la lengua griega de su origen y utilizarla para reconocer el latín. Así que el instrumento de reflexión de esa "proto-lingüística" latina fue la gramática griega; es decir, la lengua latina se reconoció por medio de la lengua griega, con las dificultades inherentes a la inadecuación de ésta para conocer aquélla, dos lenguas que, aunque emparentadas genealógicamente, son relativamente distintas. La distancia entre ambas lenguas, el prestigio literario del griego en la naciente Roma y el interés práctico por someter el latín a las reglas gramaticales que permitían un discurso elevado y complejo deben haber contribuido a separar la gramática de su cuna ontológica y a ofrecerla como instrumento de reflexión sobre las peculiaridades del latín (orientadas no por una necesidad descriptiva, tal como la entendemos ahora, sino por esa necesidad de prestigio y para normar el uso literario del latín).

El fenómeno se repitió más tarde, durante la Edad Media, cuando no solamente interesaba normar el uso culto del latín, sino enseñarlo a personas para las cuales ya no era su lengua materna, aun cuando no hubiera todavía una conciencia de la propia lengua, ya no digamos entre los pueblos de origen germánico, sino incluso entre los de origen latino. Si hoy podemos hacer con facilidad esa distinción entre intereses ontológicos (lógicos) e intereses reflexivos prácticos de carácter lingüístico, a lo largo de la Edad Media la gramática que, correspondientemente, podríamos llamar "lógica", pero que se conoce como *especulativa* quedó no muy claramente separada de la otra gramática, que podríamos llamar "filológica", en la cual interesaba el aprendizaje, ante todo, de las dos lenguas clásicas, y la apreciación de su cultura literaria. Afirman, por ejemplo, Miguel Ángel Esparza y Ramón Sarmiento, en su introducción a la *Gramática castellana*, de Antonio de Nebrija[27], que "la gramática medieval partía del supuesto de que la razón imponía al lenguaje determinados modos de expresión (los *modi significandi*) que las diversas lenguas debían respetar por encima de los aspectos diferenciales y particulares. [...] El resultado fue una gramática del lenguaje, no de la lengua. Desde la óptica tardomedieval y adoptando la terminología del mo-

[27] Edición por ellos preparada para la Fundación Antonio de Nebrija, Madrid, 1992.

mento, no podría hablarse de dos tendencias gramaticales totalmente opuestas, porque el *objeto material* de ambas era idéntico: la lengua latina. Pero se diferenciaban en cuanto al *objeto formal*: la reflexión sobre las partes del discurso, en la una; el aprendizaje de reglas con finalidad didáctica, en la otra" (p. 36).

Lo mismo sucedió con las lenguas europeas modernas: el español, el francés, el alemán, el inglés, etc. fueron consideradas y reconocidas mediante la tradición gramatical greco-latina, como se puede ver claramente, por ejemplo, en la mencionada *Gramática* de Nebrija. "Los idiomas romances se estudiarán *quatenus a latina differunt*, según la fórmula consagrada", relatan Esparza y Sarmiento (*op. cit.*, p. 38). De ahí proviene buena parte de la terminología gramatical del español, como de otros estudios semejantes las terminologías gramaticales de las demás lenguas europeas. Esas terminologías gramaticales y la concepción de la gramática que las fundamentaba, terminarían por extenderse a todas las lenguas del mundo en los actuales lenguajes de descripción de la lingüística[28].

[28] Las obras que escribieron los misioneros en el proceso de evangelización de los indios americanos nos ofrecen un riquísimo material de investigación en este punto. Gramáticas y diccionarios de las lenguas amerindias, escritos desde mediados del siglo XVI hasta finales del XVIII en México, ofrecen valiosos ejemplos

Legítimamente se puede considerar la terminología gramatical tradicional como elemento de un lenguaje de descripción lingüística. Terminología culta, dominada solamente por universitarios y humanistas, sólo una parte de ella pasó al acervo común de las lenguas. Pero lo que aquí interesa resaltar es el carácter de lenguajes de descripción lingüística que tuvieron el griego y el latín para poder llegar a concebir las peculiaridades de todas las demás lenguas. El origen de estos lenguajes de descripción está en las lenguas ordinarias y su función fue objetivar elementos de esas mismas lenguas. Fueron y siguen siendo, ante todo, *instrumentos reflexivos*, no elementos de un lenguaje controlado ni teórico.

Si términos como *sintaxis, oración, caso, régimen, accidente, verbo, nombre*, etc. forman un léxico

---

del doble proceso que hay que destacar: no solamente la "imposición de un modelo" gramatical latino —particularmente basado en la *Gramática* de Nebrija— al estudio de esas lenguas, sino el fenómeno, más difícil de aprehender, de la reflexión de esas lenguas con el español como espejo. Véase el estudio preliminar de Leonardo Manrique al *Arte y vocabulario de la lengua matlaltzinga vuelto a la castellana*, de Fray Diego de Basalenque; el artículo de Ascensión H. de León-Portilla, "Nebrija y el inicio de la lingüística mesoamericana", *Anuario de Letras*, 33 (1995), 205-223 y el futuro libro de Thomas Smith, dedicado a "La gramática descriptiva en la Nueva España: 1521-1645", del cual ofreció un adelanto en la ponencia del mismo nombre, presentada durante el simposio "Los gramáticos de Dios" en la serie "La lingüística desde El Colegio de México", México, octubre de 2000.

lingüístico descriptivo, también hay que destacar, en cuanto a su semantismo, que imponen un significado a los segmentos y a las relaciones sintácticas que se describen con su ayuda. De ahí algunas perplejidades que encuentra uno en obras de épocas pasadas, como el comentario de Antonio del Rincón en su prólogo al *Arte de la lengua mexicana* (1595), citado por Thomas Smith (cf., n. 28): "en lugar de sintaxis, o construcción, porque en esta lengua no hay esa variación de casos" (es decir: para Rincón, *sintaxis* era un término que, por su significado, exigía la existencia de casos); pero ya no precisamente como perplejidades, sino como cuestiones de verdadera conceptualización científica, la misma clase de dificultades se encuentra también en obras modernas, como la discusión de la década de 1960 acerca del *caso superficial* frente al *caso profundo* (en Charles Fillmore o Klaus Heger, por ejemplo). No es exagerar si se dice que, debido a ello, buena parte del esfuerzo descriptivo de un lingüista consiste en adecuar la tradición terminológica gramatical a las peculiaridades de las lenguas que trata de describir e incluso en proponer nuevos términos que alcancen tal grado de neutralidad y generalidad que puedan llegar a ser los ansiados *tertiae comparationis* de toda lingüística general.

Pese a ello, la tradicionalidad de esa terminología gramatical es un elemento fundamental de la discusión teórica y metodológica de la lingüística, porque permite identificar problemas objetivos de la descripción con independencia de las doctrinas, las escuelas y las teorías lingüísticas. Se puede considerar ese conjunto de términos, con Putnam, una "terminología trans-teórica"[29], que pertenece al primer nivel de lenguaje científico, que es la descripción.

La cuestión del semantismo del lenguaje de descripción se manifiesta todavía más problemática si se considera la utilización de "glosas" en la lengua del descriptor para orientar la comprensión del significado de los signos que analiza. El lingüista descriptivo sigue un procedimiento de descripción que consiste en identificar los fonemas de su lengua-objeto, hasta llegar al menos a poder asignar letras a cada fonema (ya sea del alfabeto de su lengua, o ya sea del *Alfabeto fonético internacional*), lo que supone un cálculo de la relación entre realizaciones fonéticas para definir una entidad abstracta invariante, cuya complejidad forma el núcleo de la investigación fonológica, que soslayaré en este trabajo; tras la escritura de sus datos, que logra después de su estudio fonológico, suele pasar a un primer nivel de análisis de los signos en que identifica los morfemas de la lengua en cuestión y sus relaciones; el segundo nivel de análisis supone ya la identificación de funciones gramaticales en la combinación de morfemas[30]; tras éste, suele

[29] Cf. aquí mismo "«Conceptos» y jerarquía de términos".

[30] Quizá no sea necesario recordar que los procedimientos de análisis "ascendentes" o "bottom-up" de la lingüística des-

aparecer un nivel de glosa del significado de los enunciados analizados. Tal glosa es imprescindible cuando el lingüista no conoce la lengua que estudia —que es el caso normal—, y se suele hacer en la lengua materna del lingüista. Cuando hay parentesco no sólo genealógico y tipológico, sino sobre todo cultural entre la lengua materna del lingüista y su lengua-objeto, la glosa ayuda a comprender el significado de los signos analizados sin provocar graves desviaciones; pero cuando la distancia tipológica y cultural entre las dos lenguas es muy grande —lo que nos sucede a los mexicanos hispanohablantes con nuestras lenguas amerindias, por ejemplo— la glosa puede traicionar por completo no sólo el significado de los signos, sino incluso el significado de las relaciones gramaticales de la lengua-objeto. En los peores casos, se termina analizando la lengua materna en vez de la lengua-objeto, sin darse cuenta. Como se busca que la glosa sea monolexemática, por razones de brevedad y de espacio, el significado de los signos de la lengua-objeto se diluye, así como se confunden cier-

---

criptiva estadounidense dieron lugar a estudios clásicos de Leonard Bloomfield (*Language*, Holt, Rinehart and Winston, New York, 1933), Zellig Harris (*Structural linguistics*, University of Chicago, 1951) y Kenneth Pike (*Tagmemics*, con Ruth M. Brend, Mouton, París, 1976), entre varios más; de ninguna manera es mi intención soslayarlos; todo lo contrario, hay que subrayar que el problema del lenguaje de descripción es uno de los más complejos de la formación del lingüista.

tas funciones gramaticales cuando, por ejemplo, se glosa un déictico mediante un sustantivo en la lengua materna del lingüista.

De allí el ansia por construir lenguajes de descripción semántica ajenos a las lenguas maternas de los lingüistas, que sirvan realmente de *tertiae comparationis* entre lenguas. Se puede mencionar el intento de Rudolph Hallig y Walther von Wartburg por construir un "sistema conceptual" que sirviera para ordenar el estudio semántico de cualquier lengua en su *Système raisonné des concepts pour servir de base à la lexicographie*[31], pero cuyo lenguaje de descripción es el francés[32]; el de Bernard Pottier por numerar consecutivamente los semas obtenidos del análisis de significado para eliminar su expresión en alguna lengua ordinaria, en su *Recherches sur l'analyse sémantique en linguistique et en traduction mécanique*[33] o el de Klaus Heger por desarrollar sistemas completos de análisis onomasiológico a base de noemas construidos mediante reducciones binarias[34].

[31] Segunda edición, Akademie Verlag, Berlín, 1963.

[32] Véase la crítica de Klaus Heger en "Las bases metodológicas de la onomasiología y de la clasificación por conceptos", en *Teoría semántica. Hacia una semántica moderna II*, Alcalá, Madrid, 1974, en particular pp. 10-16.

[33] Publications linguistiques de la Faculté des Lettres et Sciences Humaines de Nancy, 1963.

[34] Cf. la obra antes citada y *Monem, Wort, Satz und Text*, Niemeyer, Tübingen, 1971.

Si el intento de Hallig y von Wartburg se puede considerar ingenuo, al suponer que el francés (o cualquier otra lengua real) podría servir como lenguaje de descripción semántica sin que interviniera su propio semantismo (el problema que señala Tarski), en los intentos formalistas de Pottier, Heger o los varios más que han buscado, por ejemplo, utilizar lógicas simbólicas, se manifiestan los verdaderos problemas de la construcción de un lenguaje de descripción semántica que no sea, a su vez, otra lengua natural. En el caso de Pottier, antes de numerar los semas había que definir su significado. Si se utilizara una lengua para atribuir significado a cada sema, del tipo 'animado', 'humano', 'mueble', 'con respaldo', la lengua natural ya habría cargado previamente de sentido la definición y, en consecuencia, su sustitución por números se volvería banal e, incluso, complicaría aún más el análisis, pues habría que establecer una muy larga lista de equivalencias antes de llevar a cabo cada análisis; quizá por eso Pottier terminó por abandonar esa idea. En el caso de los esquemas noemáticos de análisis onomasiológico de Heger, éstos consisten siempre en elementos de exploración de un campo, como, por ejemplo, los de la deixis personal o temporal, o los de aumento o pérdida de valencias en los procesos verbales, e incluso los elementos de cada rango ascendente de descripción, pero nunca se propuso un cálculo general de noemas para toda la semántica de una lengua, sino que rechazó explícitamente esa posible ambición.

Construir un lenguaje de descripción para la semántica de las lenguas naturales, que sea diferente de cualquiera de ellas, implica calcular todas las distinciones posibles que surjan de la relación entre percepción, conocimiento y cultura con la experiencia del mundo de todos los seres humanos. Tal empresa es imposible (afortunadamente), debido a la naturaleza instantáneamente cambiante de la experiencia individual, así como a la naturaleza proteica de los signos lingüísticos. Resulta, entonces, que como seres humanos no podemos ir más allá de nuestras propias lenguas (sólo podemos usar otras lenguas), ni podemos construir un lenguaje simbólico que llegue a dar cuenta en su totalidad de ellas (y, por supuesto, no podemos construir un metalenguaje que las funde). Podemos construir lenguajes limitados, que nos permitan estudiar las lenguas, describir sus elementos, teorizar sus características y postular la universalidad de la capacidad de hablar, pero no podemos describir su semantismo en su totalidad con otro lenguaje. La descripción semántica se hace, por ello, en alguna lengua natural, que generalmente es la lengua materna de quien la estudia. El uso de la lengua natural para describir otra lengua natural o la misma requiere entonces, para no enredarse en su propio semantismo —la reproducción de las antinomias, de que habla Tarski—, un distanciamiento, un extrañamiento crítico de la propia lengua por parte del descriptor, basado fundamentalmente en el contraste de su lengua materna con su lengua-objeto, y ayudado por su experiencia con otras lenguas[35]; en la medida en que el lingüista logra ese distanciamiento crítico, su descripción tiende a alcanzar cierto grado de objetividad, aunque no se pone a salvo de la aparición de antinomias. Así que en vez de insistir en la creación de un lenguaje de descripción diferente de las lenguas naturales que, sin embargo, englobe todo su semantismo, es necesario reconocer el hecho de que las lenguas naturales proveen a la lingüística de sus lenguajes de descripción y no, por cierto, como pseudo-"metalenguajes naturales", y tampoco como metalenguajes reducidos a una terminología particular ("un special jargon"), inserta en la sintaxis de una lengua natural, como dice Hjelmslev. La descripción no puede renunciar a su carácter fundamentalmente hermenéutico.

Es así que el primer lenguaje de descripción de la lingüística es la lengua materna del lingüista, con un vocabulario técnico heredado de la tradición gramatical de Occidente. Ese vocabulario se puede considerar como una terminología *trans-teórica*, como lo propone Hilary Putnam. Podemos caracterizar las expresiones descriptivas del primer acercamiento a otra

[35] Este es el motivo epistemológico por el cual todo lingüista debe hablar varias lenguas y no sólo la propia.

lengua como manifestaciones de un *lenguaje de descripción fenomenológico y pre-teórico*, o LD_1 (o, con Carnap, LB_1; el vocabulario transteórico forma sus *B-Terme*); términos como *sustantivo*, *verbo*, *partícula*, *función*, *oración*, *subordinación*, etc. son términos de esa clase en primera instancia; es precisamente lo que Greenberg reconoce como un lenguaje de observación, una de cuyas "essential functions [is] that it can [...] provide a universal basis for the comparability of language descriptions" (p. G2 de su manuscrito).

En el momento en que el primer análisis descriptivo da lugar a la búsqueda de las estructuras o las relaciones sistemáticas de los elementos de la lengua en cuestión, que es cuando intervienen los métodos descriptivos de cada escuela científica, los enunciados descriptivos iniciales se corrigen o se pulen; los términos utilizados en ellos tienden a formar ya parte de un *lenguaje científico de descripción* o LD_2 (o LB_2), como, por ejemplo, *fonema*, *alófono*, *morfema*, *lexema*, *función acusativa*, etc., más los términos transteóricos redefinidos, junto con sus correspondientes protocolos de análisis, como los de la tagmémica, o los análisis de oraciones elaborados por las escuelas funcionalistas, distribucionalistas, etc. Ese lenguaje científico de descripción, insisto, es de la misma clase que los lenguajes de descripción de las demás ciencias. Pero a diferencia del lenguaje de descripción fenomenológico y pre-teórico, que crea la base de inteligibilidad de la descripción para cualquier teoría o escuela científica, debido a su tradicionalidad y al carácter de las culturas occidentales, sus afirmaciones solamente pueden tener valor si son congruentes con una concepción científica del fenómeno. Cuando el fenómeno es totalmente desconocido, el lenguaje precientífico de descripción ayuda a formularlo como problema, pero todavía no es posible verificar la veracidad de las afirmaciones que se hagan a propósito de él. Cuando el fenómeno, en cambio, se reconoce en relación con otros ya conocidos, el lenguaje científico de descripción procede a ajustar sus afirmaciones, de acuerdo con sus criterios de veracidad o de falsificabilidad, que provienen de la ciencia, como se verá en seguida.

Los lenguajes científicos de descripción son construcciones del método preconizado por alguna escuela lingüística, sobre la base del conjunto de principios epistemológicos que configuran, para ella, la *objetividad* del fenómeno. Es decir: históricamente, cada escuela de la lingüística moderna ha optado por considerar algún aspecto particular de las lenguas como el que define mejor su naturaleza. Como todas las lenguas naturales son extremadamente complejas, las reducciones científicas que se operan sobre ellas seleccionan alguno de sus aspectos como su objeto de estudio. Las elecciones epistemológicas de cada escuela, por ejemplo, las realistas frente a las nominalistas (el "God's truth vs. hocus-pocus", con que las clasificaba Paul Garvin), las solipsistas frente a las dialoguistas (la mayor parte de las escuelas neopositivistas de la lingüística frente a las contemporáneas posiciones "pragmáticas"), etc. son las que definen las entidades verbales que constituyen sus objetos de estudio y los métodos que se han de usar para describirlas. Tales elecciones epistemológicas muy rara vez se hacen explícitas. Incluso muchos lingüistas no tienen conciencia de las elecciones que han hecho previamente a su trabajo o a su adscripción a métodos y escuelas particulares[36].

Consecuentemente, un lenguaje científico de descripción depende de una teoría de la descripción de los fenómenos que se estudian. Por ejemplo, la escuela distribucionalista inaugurada por Zellig Harris (*op. cit.*), que conscientemente renunciaba a la conmutación de significantes y significados que forma el núcleo del método estructuralista de Ferdinand de Saussure (y de las escuelas bloomfieldianas, para las que el significado es heurístico), construía su lengua-

[36] Quizá convenga hacer aquí un comentario pedagógico: la inmadurez científica característica de un lingüista cuando es joven lo lleva a suponer que, antes de enseñar a describir una lengua, hay que dar a los estudiantes un curso de epistemología. La experiencia muestra que, por el contrario, hay que hacer que los estudiantes practiquen lo más posible la descripción, con los métodos que se juzgue convenientes, antes de hacerles notar sus fundamentos epistemológicos. Como han señalado muchos científicos, las verdades primeras se enseñan al final.

je de descripción a base de relaciones lineales de elementos verbales en la cadena hablada, sin recurrir al significado. Las "gramáticas de dependencia", que proceden de esa escuela en lingüística computacional[37], seguían el mismo principio[38]. En este sentido, sigue siendo muy aclarador el ahora ya raramente leído *Outline of a General Theory of Structural Relations* de Alphonse Juilland[39], en donde se exponen los diferentes enfoques descriptivos que se podían adoptar en el estructuralismo.

Como el lenguaje científico de descripción depende de una concepción epistemológica de su objeto de estudio y de los métodos que se elaboran para conocerlos, requiere, en efecto, de una *teoría del lenguaje* que lo anteceda y que articule sistemáticamente las características que se pueden observar en una lengua natural. "Teoría del lenguaje" es la expresión usual para significar el tratado sistemático de las características de toda lengua natural. Por ejemplo, Fer-

[37] Cf. David Hays, "An Introduction to Computational Procedures in Linguistic Research", en *Automatic Translation of Languages*, Papers presented at NATO Summer School held in Venice, July 1962, pp. 139-166.

[38] Principio puesto en práctica en el Analizador del DEM, como se puede ver en mi artículo "Méthode en lexicographie: valeur et modalité du dictionnaire de machine", *Cahiers de Lexicologie*, 29 (1976), 103-128.

[39] Publicado en la serie *Janua linguarum*, de Mouton, La Haya, 1961.

dinand de Saussure ofreció en su *Cours de linguistique générale*[40] los elementos básicos de la concepción que después hubo de llamarse "estructuralista"; en *The Logical Structure of Linguistic Theory*[41], así como en *Cartesian Linguistics*[42] y en *Aspects of the Theory of Syntax*[43], Noam Chomsky expuso su concepción de lo que es su teoría del lenguaje y los métodos con que se puede estudiar una lengua natural.

El lenguaje con que se escribe la teoría del lenguaje, o las proposiciones teóricas que se hacen a propósito de las características generales de las lenguas naturales, o de una lengua particular, es un *lenguaje teórico*. Por ello, es el lenguaje teórico el que define al lenguaje científico de descripción. El lenguaje teórico ya no es descriptivo en el mismo sentido en que lo eran el lenguaje preteórico (LD_1) y el lenguaje científico de descripción (LD_2). El lenguaje teórico define los conceptos utilizados en la descripción, los dispositivos del método, los formalismos con que operan las estructuras y los sistemas de una lengua. Lo simbolizaré con L_3. Como se puede observar en la historia de la lingüística hasta la actualidad, tanto los lenguajes científicos de descripción

[40] Publicado por sus alumnos Charles Bally, Albert Riedlinger y Albert Sechehaye, Payot, París, 1915.

[41] Plenum Press, New York, 1975.

[42] *Cartesian Linguistics. A chapter in the History of Rationalist Thought*, Harper and Row, New York, 1966.

[43] MIT Press, Cambridge, Mass., 1965.

como los lenguajes teóricos siguen elaborándose en una lengua natural, que suele ser la materna del lingüista que los formula, con la diferencia de que su terminología, también generalmente basada en los términos transteóricos del lenguaje pre-teórico de descripción, se va ajustando a los requerimientos del método y de la teoría del lenguaje. Es por eso que, por ejemplo, Chomsky no se pregunta si lo que entiende como "frase nominal", "complemento directo", etc. requeriría una nueva definición en su teoría.

Un caso interesante es el de los lenguajes llamados "formales" de la lingüística, cuyo primer ejemplo es el de la Glosemática, citado antes, pero que han venido a reconocerse después de la aparición de la Gramática generativa chomskyana. El lenguaje que soñaron construir Hjelmslev y Ulldall era un lenguaje científico de descripción, basado en el binarismo estructuralista; era abstruso, primitivo y poco económico. Los lenguajes aparecidos a partir de las teorías chomskyanas son, en los casos serios, lenguajes matemáticos derivados de las teorías de los autómatas, desarrolladas a partir de los años 1940, después de la invención de la computadora electrónica[44]. Estos lenguajes no surgen de necesidades descriptivas de fenómenos observables (o fenómenos de "superficie", para decirlo a la manera chomskyana), sino de

[44] Véase *Notions sur les grammaires formelles* de Maurice Gross y André Lentin, Gauthier-Villars, París, 1970.

las hipótesis que hace el lingüista a propósito de la manera de producirse una oración de una lengua particular, delimitadas por las posibilidades que le ofrece el lenguaje formal seleccionado. Digamos que son "lenguajes matemáticos aplicados", perfectamente justificables científicamente, pero de objetivos totalmente distintos a los lenguajes de descripción que requiere el primer acercamiento a una lengua previamente desconocida. El uso equívoco que hace Chomsky del vocablo "descripción" para caracterizar una serie estructurada de reglas con que se pretende reconstruir un aparato hipotético de generación de oraciones de una lengua, lleva a la confusión generalizada de la descripción de fenómenos lingüísticos observables con la reconstrucción hipotética y abstracta de un proceso de generación imputado a la capacidad de hablar por la teoría chomskyana[45]. Cuando, como relata Greenberg, Emmon Bach presenta al estudiante de lingüística dos posibilidades de "descripción" de un sistema fonológico, en su libro *An Introduction to Transformational Grammars*[46], el primero de acuerdo con la fonología clásica y el segundo con una serie ordenada de reglas de reescritura, esa confusión no le permite distinguir dos niveles diferentes del análisis

[45] Véase al respecto mi "*Syntactic Structures* en perspectiva crítica", en L.F. Lara (comp.), *Estructuras sintácticas 40 años después*, El Colegio de México, México, 2000.

[46] Holt, Rinehart and Winston, New York, 1964, *apud* Greenberg, *op. cit.*, p. G2.

lingüístico: el verdaderamente descriptivo, correspondiente al plano *taxonómico* que toda ciencia empírica debe tener en su base, y el teórico, correspondiente a una reconstrucción formal hipotética de un proceso que antecede a la expresión verbal de los seres humanos, de acuerdo con la teoría chomskyana[47]. Para los fines de este artículo, basta con decir que los lenguajes formales como los chomskyanos, son *lenguajes teóricos* y no lenguajes de descripción.

Los lenguajes teóricos no formales siguen siendo manifestaciones discursivas realizadas en lengua natural, dotadas de una terminología científica, correspondiente a los conceptos elaborados por la teoría para dar cuenta de las características de otra lengua natural (o de la misma que habla el lingüista). Por lo tanto, no dependen de un metalenguaje que fije su sentido y la veracidad de las proposiciones que se hagan en ellos, sino de la capacidad interpretativa que ofrece todo discurso en lengua natural, en un momento determinado de la historia de la cultura y de la historia de las ideas. En cambio, los lenguajes formales matematizados sí pueden ser objeto de un metalenguaje que los funde y defina sus condiciones de verdad, en la misma relación en que se encuentra la matemática con la metamatemática. Es, por lo tanto,

[47] Para muchos chomskyanos, el adjetivo "taxonómico" es un calificativo peyorativo de la lingüística descriptiva anterior a su teoría.

en este punto en donde se puede decir, correctamente, que hay *un metalenguaje en lingüística*. Y este metalenguaje cumple con las mismas condiciones fijadas por Tarski y Hilbert para la metamatemática.

Se puede entonces concluir que la idea de un *metalenguaje* que tenga por objeto la lengua natural no se sostiene en términos de una consideración estricta de la relación entre una ciencia como la lingüística y su objeto de estudio. Rey-Debove ha tenido razón todo el tiempo: un *metalenguaje* no puede contener a toda la lengua natural, pero la consecuencia de esta comprobación no debe ir en dirección de una definición diferente de lo que sea *metalenguaje* para la lingüística, sino hacia el replanteamiento de todo el problema, como lo he hecho en este artículo.

Desde que Tarski y Carnap dieron lugar a la creencia de que para todo metalenguaje se puede construir un metalenguaje de orden superior que lo fundamente, tiende a afirmarse que hay una cadena de metalenguajes de $n+1$ grado, en la que cada uno de ellos fundamenta al inmediatamente inferior, pero requiere fundamentación de otro inmediatamente superior. La cadena de metalenguajes se vuelve infinita y da por resultado la indeterminación, puesto que nunca será posible encontrar un metalenguaje que fundamente a todos (y tenga las características exigidas por su definición)[48].

[48] Por ejemplo en J.M. Bochenski, *Die zeitgenössischen*

Resulta entonces paradójico que se haya inventado la noción de *metalenguaje* para poder fundamentar la verdad de las afirmaciones hechas en un lenguaje científico y se llegue, por el mismo camino, a una indeterminación total de los lenguajes científicos, que es lo mismo que decir que el conocimiento científico se diluye en la imposibilidad de determinar cuándo sus afirmaciones acerca de fenómenos del mundo real son verdaderas. ¡Notable consecuencia final del neopositivismo! Por el contrario, la idea de que es la lengua natural la que no sólo sirve de base a todos los lenguajes científicos, sino la que los funda, permite eliminar el problema de la sucesión infinita de los metalenguajes. La afirmación de Hjelmslev antes citada, de que "languages and they alone, are in a position to form any purport whatsoever; [de que] in a language, and only in a language, we can 'work over

Denkmethoden, Bern, 1965, pp. 59 y *ss*.: "Man kann in dieser Weise immer weitergehen. Im allgemeinen heisst 'n-te Stufe' eine Sprache, die so geartet ist, dass wenigstens eines ihrer Zeichen ein der n-1-ten Stufe, keines aber ein Element der n-ten Stufe selbst oder einer höheren bezeichnet", apud Kubczak, "Vorschlag...", p. 316. Rey-Debove parece seguir esa idea: "Logiciens et sémioticiens admettent communément que la hiérarchie des langages *n*, *n+1*, *n+2*, *n+n* est théoriquement infinie... Au-delà du langage quaternaire, nous pouvons théoriquement imaginer d'autres langages mais l'intuition de leur objet s'affaiblit...; on voit mal ce que représenteraient les niveaux supérieures au troisième" (*Le métalangage*, pp. 42-43).

the inexpressable until it is expressed'" (cf., *supra*, n. 12), lleva a concluir que, en los fundamentos de los lenguajes científicos no hay un metalenguaje, sino la lengua de todos los días.

En consecuencia, la cuestión del sentido del discurso científico no se disuelve en la serie ilimitada de metalenguajes que definan, una vez tras otra, sus conceptos hasta llegar a su indeterminación; los conceptos semánticos de *verdad*, de *sentido*, de *significado*, de *referencia* no se pueden definir desde afuera de la lengua natural porque no hay un lenguaje que, para los humanos, quede fuera de ella. Su significado es su uso, como decía Wittgenstein. Pero el uso es, ante todo, interpretable. Nada puede garantizar al científico que su discurso sea verdadero, sino el trabajo de construirlo con precisión, con claridad y con consideración de lo que podrán interpretar sus interlocutores. La verdad se construye en el diálogo, no en una mónada cerrada, dotada de metalenguajes.

EL LENGUAJE DE LA LEXICOGRAFÍA

El discurso lexicográfico del diccionario monolingüe tiene dos características fundamentales, que delimitan el tipo de semántica que puede hacerse desde la lexicografía. La primera se refiere al carácter de *lengua* —en sentido saussureano— del objeto de estudio de la lexicografía. La segunda, al carácter semiótico del propio discurso lexicográfico.

Contrariamente a la idea que se podría derivar de la comprensión estructuralista más extendida del concepto saussureano de *lengua*, en el sentido de que se trata, fundamentalmente, de un sistema cerrado de *posibilidades* verbales, lo que destaca la lexicografía es el carácter *social* de la lengua; es decir, destaca el segundo de los elementos definitorios de la noción saussureana de *lengua*. Lo hace así porque, si bien la base de sus datos y sus registros de uso del vocabulario constituye un acervo finito y delimitado social y temporalmente —en sentido estricto, el acervo de partida de la lexicografía constituye un caso de "suma de hablas" (*Σn hablas*)[1]—, lo que obtiene de él no es un catálogo de dichos o de citas, sino un catálogo de buena parte del vocabulario históricamente existente de la lengua en cuestión, desligado de la localización puntual, espacial, social y temporal en la que se produjo; es decir, sobre la base de una colección de *productos lingüísticos*, como los llamaba Bühler[2], se crean, mediante la teoría y el método de la ciencia del lenguaje, formas lingüísticas pública o socialmente válidas.

Lo importante de esta interpretación de la *lengua* como "hecho social" no reside en la posible discusión histórica y exegética de las concepciones saussureanas —aunque en otro momento y en otro lugar sea igual su importancia[3]—, sino en la reivindicación de la posibilidad de que una lengua, en la realidad histórica que presente en cada estadio sincrónico considerado, sea por su *socialidad* un *objeto científico*, una *langue* y no una colección teóricamente insuperable de hablas, de *parole*[4].

[1] Cf. Klaus Heger, "La semántica y la dicotomía de lengua y habla", en *Teoría semántica II*, 1974, p. 156.

[2] En *Teoría del lenguaje*, Revista de Occidente, Madrid, 1967, pp. 99 y *ss*.

[3] Si este era el sentido en que Saussure definía la *lengua* como "hecho social", resulta que no habría que atribuirle a esta concepción un "sociologismo durkheimiano" relativamente marginal, sino considerarla estrictamente desde el punto de vista de la constitución del objeto científico de la lingüística.

[4] Hans Heinrich Lieb, en su libro *Sprachstadium und*

La lexicografía viene a ser, por lo tanto, una de las disciplinas de estudio de la *lengua* y no una "lingüística del *habla"*; con lo que hay fundamento para operar en ella con conceptos y métodos propios de la lingüística en sí.

El producto de la lexicografía, el diccionario, hace patente esa socialidad de la lengua y, en ese sentido, es una prueba empírica de ella. Pues el diccionario es un *libro* que circula socialmente y adquiere su especificidad material, lingüística y cultural en la arena pública, en ese espacio en el que, como se puede concluir de la obra de Jürgen Habermas[5], se da la racionalidad de las sociedades modernas. Este hecho, que generalmente se considera externo y, en buena medida, ajeno al análisis semántico científico, confiere al discurso lexicográfico una característica de importancia trascendental: fuerza al lexicógrafo a manifestar el fruto de sus análisis en un lenguaje específico, que no es simbólico sino *ordinario;* es decir, el hecho de que el

---

Sprachsystem, Kohlhammer, Stuttgart, 1970, desarrolla los argumentos lógicos para relacionar "hechos de habla" e idiolectos con "hechos de lengua" sistemáticos. Su argumentación no atañe, más que indirectamente, a la relación entre habla y lengua como ocurrencia puntual y hecho público. No conozco una argumentación del orden social que sea equiparable a la suya, del orden sistemático.

[5] Sobre todo de *Strukturwandel der Öffentlichkeit. Untersuchungen zu einer Kategorie der bürgerlichen Gesellschaft,* Suhrkamp, Frankfurt, 1966.

diccionario se juegue su sentido en la vida pública, entre legos, fuerza a plantearse el análisis semántico que hace el lexicógrafo no en un lenguaje descriptivo simbólico, como lo han venido deseando muchos semantistas hasta hoy en día, sino ya sea en otra lengua natural o, en el caso que me ocupa, en la misma lengua que es el objeto del análisis[6]. La semasiología que opera en el análisis destinado a la lexicografía monolingüe, en consecuencia, no solamente se propone como objeto una lengua particular, sino que además habla de ella con ella misma, Si, como semasiología, queda atenida a la semántica inmanente a una sola lengua, por su lenguaje mismo no sólo no se eleva a algún plano neutral de análisis, sino que se queda dentro de su propio semantismo.

Esta característica del discurso lexicográfico se ha visto siempre como uno de sus defectos[7], sobre todo por el aparente círculo vicioso que se crea entre el lenguaje que se define y el lenguaje que se usa para definirlo (lenguajes que, cuando se trata de un diccionario monolingüe, son uno solo y el mismo). Por

[6] Véase en este libro "Metalenguaje y lenguaje descriptivo".

[7] "Defecto" cuyo origen se atribuye a una convencionalidad impuesta a la lexicografía por su dedicación a los legos, a cuyos intereses y cuya participación en la historia real de las lenguas se niega toda legitimidad científica. Véase Uriel Weinreich, "Lexicographic definition in descriptive semantics", en Fred W. Householder y Sol Saporta (eds.), *Problems in Lexicography*, *IJAL*, 28 (1962), pp. 25-44.

ello se tiende a proponer, en la teoría del diccionario —hoy en día llamada por muchos "metalexicografía"[8]—, que el lenguaje que sirve para definir la lengua-objeto del diccionario es un *metalenguaje* o incluso un "metalenguaje natural", como lo sostiene Josette Rey-Debove[9]. En este artículo intentaré mostrar las características del "lenguaje (ordinario) de la lexicografía" e incluso la posibilidad de que la lexicografía ofrezca a la semántica una riqueza lingüística generalmente soslayada.

Pero no deseo apresurar esa demostración, en especial porque tal idea es en exceso heterodoxa para la mayor parte de los semantistas contemporáneos. Por el contrario, previamente despejaré algunos de los elementos que de inmediato suscitarían una férrea oposición a mi tesis, si no es que una inmediata y total desestimación.

El primer argumento en contra de la idea de que el lenguaje de la lexicografía o el lenguaje de la semántica pueda ser el mismo lenguaje ordinario procede de la necesidad positiva de distinguir entre el lenguaje-objeto de la ciencia (llamémoslo, con precisión, en nuestro caso, *lengua-objeto)* y sus lenguajes científicos descriptivo y teórico. Tal necesidad se ha

[8] Véase mi *Teoría del diccionario monolingüe*, El Colegio de México, México, 1997, para una crítica de ese término.

[9] Cf. mi crítica aquí mismo, en "Metalenguaje y lenguaje descriptivo", p. 91.

visto, al menos, desde que apareció el *Système raisonné des concepts pour servir de base à la lexicographie* de Rudolf Hallig y Walther von Wartburg[10], y no es otra que la necesidad, bien explicada por Tarski[11], de que "the formal structure and the vocabulary of a language in which definitions of semantic concepts are to be given [must be] *exactly specified*" y, en consecuencia, tenga que: *a)* "[to] characterize unambiguously the class of those words and expressions which are to be considered meaningful [in such a (meta-)language]"; *b)* "[to] give the so called *rules of definition* for introducing new or *defined terms*"; *c)* "[to] set up criteria for distinguishing within the class of expressions those of which we call 'sentences'"; *d)* "finally, we must formulate the conditions under which a sentence of the language can be *asserted*" (Tarski ibidem). Un "metalenguaje" lexicográfico y un "metalenguaje semántico", de acuerdo con este conjunto de especificaciones de sus características debiera: *a)* estipular, al menos, correspondientemente, los términos con los que se construye la definición lexicográfica o la descripción semántica, desde sus variables conceptuales (sustantivos, adjetivos, verbos, etc.) hasta sus conectivos oracionales, lo que lle-

[10] *Système raisonné des concepts pour servir de base à la lexicographie*, Akademie Verlag, Berlín, 1963.

[11] En "The semantic conception of truth and the foundations of semantics", *Philosophy and Phenomenological Research*, 4 (1944), p. 346.

varía a la semántica a la búsqueda de estructuras relacionales léxicas, cuyos miembros se agruparan y jerarquizaran unívocamente, hasta alcanzar un conjunto de primitivos y de pirámides conceptuales, que serían los únicos capaces de garantizar la semanticidad del lenguaje de la descripción semántica y de la definición lexicográfica; *b)* consecuentemente con la estipulación anterior, controlar totalmente la introducción de vocablos en la definición y en la descripción, con el objeto de que queden sometidos a los primitivos y las pirámides conceptuales antes establecidos y formen parte forzosa del "metalenguaje" y de la nomenclatura del diccionario; *c)* establecer los medios o las reglas mediante los cuales se elaboran las cadenas de elementos definitorios para cada signo de la lengua-objeto y derivan su sentido de esos mismos elementos (el principio de la composicionalidad); y *d)* contar con una teoría acerca de la clase de aserciones empíricas u ontológicas que puede establecer la semántica o el diccionario en relación con los conceptos o los objetos representados por los vocablos[12]. Este conjunto de requerimientos de un sis-

[12] La búsqueda de "fundamentos" a la semanticidad de las proposiciones hechas en una lengua natural, es decir, la búsqueda de lo que pueda instituir la "verdad" de una proposición, ha correspondido a la semántica filosófica, una distinción que no siempre es clara ni para lingüistas ni para filósofos (cf. Lewis D., "General semantics", en Davidson, D. y G. Harman eds., *Semantics of Natural Language,* D. Reidel, Dordrecht, 1971, p. 169:

tema "metalingüístico" para la semántica y la lexicografía era una parte central de las dificultades a que dio lugar la obra de Hallig y Wartburg, cuando se vio que un sistema conceptual establecido en una lengua natural, como el francés, introducía de inmediato su semantismo en el estudio de la semántica de cualquier otra lengua a la que se aplicara; es decir, no había control de los términos introducidos, ni se estipulaba unívocamente la manera en que correspondían a conceptos y objetos; y además, en vez de una teoría de la referencia, permitía la sustitución de tal teoría por la experiencia histórica y cultural francesa, que, en cuanto cultura, opacaba con su propio sentido esa referencia y, en consecuencia, se convertía en "juez y parte" del estudio de la semántica de la lengua a la que se aplicara. Que de esa experiencia se deriva el esfuerzo de la teoría de Klaus Heger[13] por sentar las

---

"Semantics with no treatment of truth conditions is not semantics"). Esa búsqueda va del extremo, por ejemplo, de Bertrand Russell, quien proponía la necesidad de un lenguaje semántico primario, atómico y ligado biunívocamente a rasgos de su referente (cf. mi comentario en "Metalenguaje y lenguaje descriptivo") al extremo contrario de Richard Montague, de atribuir a una lengua natural —el inglés— condiciones controlables de veracidad (cf. *Formal Philosophy. Selected Papers of Richard Montague,* Yale University Press, 1974.)

[13] Véase especialmente las pp. 408 y *ss.* de "Las bases metodológicas de la onomasiología y de la clasificación por conceptos", en *Teoría semántica II*, pp. 1-32.

bases de una onomasiología externa a toda lengua particular, un neutral y verdadero *tertium comparationis,* es una indicación clara de la necesidad atribuida al postulado que da origen a la distinción entre lenguaje-objeto y "metalenguaje", aunque histórica y epistemológicamente no se trate de la única solución posible para la semántica científica.

La semántica contemporánea no ha seguido el camino trazado por la obra de Heger. Aceptando el mismo origen de sus dificultades, ha preferido buscar, ante todo, un lenguaje formal con el cual pueda describir semasiológicamente una lengua natural. Es decir, en vez de buscar un sistema conceptual, o una noemática que enfrente la necesidad de construir conceptos abstractos de carácter universal y asuma todas sus consecuencias, ha preferido, por un lado, tomar voces de algunas lenguas naturales como soportes verbales, de valor heurístico, de elementos composicionales atribuidos a los significados de expresiones naturales (que siempre habrá que considerar provisionales, pues se tiende a sustituirlos por símbolos que se presten a un cálculo formal); por el otro, explorar la manera en que la semántica se relaciona con la sintaxis, ya sea precediéndola en una "estructura profunda", ya insertándose en ella en cierto lugar de la producción de oraciones. De ahí su pretendido simbolismo formal, su búsqueda de representaciones y reglas semánticas y el ansia de algunos contemporáneos por encontrar una "lógica natural" que subyazga a toda lengua humana.

Sin duda ese esfuerzo es el que preside todas las investigaciones contemporáneas sobre formalismo en semántica lingüística, desde los esfuerzos originales de Hjelmslev, pasando por toda la semántica de Chomsky y sus sucesores, hasta la actual "inteligencia artificial". Pero tal lenguaje simbólico no sería tampoco un metalenguaje en sentido estricto. Sería un lenguaje descriptivo de la semántica de una lengua, e incluso un lenguaje teóricamente establecido para describir esa semántica.

El segundo argumento en contra de que una lengua natural pueda ser lenguaje científico de la semántica o de la lexicografía es una consecuencia del primero: la sustancia de contenido de cada lengua particular es inconmensurable con la sustancia de contenido de todas y cada una de las demás. Así, la inconmensurabilidad de las semánticas de las lenguas entre sí vuelve imposible todo intento de "traducción" de una de ellas en otra, y, en consecuencia, ninguna lengua natural puede servir como lenguaje de descripción de la semántica de otra lengua natural. (De este argumento se deriva la idea, tanto tiempo sostenida, de que no todas las lenguas son capaces de significarlo todo … como lo hace cualquiera de ellas en particular; y se contrapone con el postulado lingüístico de que todas las lenguas son capaces de decirlo todo … pero utilizando diferentes medios de expresión).

El tercer argumento en contra de que el lenguaje de la semántica y de la lexicografía sea un lenguaje ordinario procede del pensamiento estructuralista y, en ese sentido, de una fuente semejante a la del primer argumento: del neopositivismo que, aunque tardíamente reconocido por la lingüística, había venido determinando su desarrollo desde que comenzó la lectura de Saussure (en Europa) y desde que Leonard Bloomfield (en los Estados Unidos de América) se unió al esfuerzo de Carnap por establecer una "ciencia unificada"[14]. La idea de la lengua sostenida por el estructuralismo implicaba la existencia de un sistema cerrado y autocontenido de relaciones entre los elementos que la forman y esos elementos, a su vez, no estaban formados por otra cosa que agrupaciones ordenadas de rasgos mínimos pertinentes, localizables en una gran estructura subyacente[15]. En el campo de la semántica esa sistematicidad cerrada postulaba, ya la estructura rígidamente jerarquizada y composicional de los rasgos semánticos (el "análisis componencial" de Nida[16]), ya una estructura interrelacionada de campos semánticos formados

[14] Véase especialmente su *Linguistic Aspects of Science*, International Encyclopaedia of Unified Science, Chicago University Press, 1939.

[15] Cf. mi crítica en "Del análisis semántico en lexicografía", en L.F. Lara, R. Ham Chande e I. García Hidalgo, *Investigaciones lingüísticas en lexicografía*, El Colegio de México, México, 1980, esp. pp. 226-227.

[16] Nida, Eugene, *Componential Analysis of Meaning. An Introduction to Semantic Structures*, Mouton, The Hague, 1975.

por haces de semas (en las obras de Pottier, Coseriu y varios más). La lengua natural, en consecuencia, no era sino la sintetización en palabras y en relaciones sintácticas de elementos constituyentes "atómicos" —los semas—, que formaban un universo finito de relaciones binarias. La tarea de la semántica estructural fue, por ello, ante todo una empresa de descubrimiento de semas y relaciones binarias. Los lenguajes descriptivo y teórico de estas investigaciones semánticas consisten siempre, como señalo arriba, en el elevamiento de vocablos de alguna lengua natural (del inglés, del francés, del español, etc.) al nivel de "apoyos heurísticos" verbales de semas y relaciones abstractas, idealmente caracterizables en algún lenguaje simbólico. Pero a falta de un sistema general, bien construido y coherente de designaciones de semas y relaciones, o de símbolos que los representen, lo que implicaría un conocimiento total del inventario de la gran estructura semántica postulada por la teoría, esas investigaciones tienden a operar en campos parciales de las lenguas estudiadas, a contradecirse unas a otras, si provienen de lingüistas de diferentes tendencias de investigación, y a no tener ningún control de la presencia del semantismo de cada lengua natural introducida como soporte de la designación de rasgos semánticos.

Huelga señalar que una concepción del lenguaje de la teoría y la descripción semántica y lexicográfica como la del estructuralismo de ninguna manera acepta, ni que sus lenguajes acarreen el semantismo de la lengua que manejan para realizar sus estudios, ni que tenga sentido partir del reconocimiento de tal semantismo para fundar una semántica.

El cuarto argumento en contra de la posibilidad de que una lengua natural pueda ser lenguaje científico de la semántica y la lexicografía es probablemente el que funda a todos los anteriores. Nuestra tradición filosófica ha visto siempre las lenguas como intermediarias entre el conocimiento del mundo, nuestra conceptualización de ese conocimiento y su comunicación. Desde muy temprano en filosofía se tendió a distinguir, por ello, entre conceptos ideales o mentales y expresiones verbales que les servían de vehículo; los conceptos, en cuanto tales, implicaban la posibilidad de un conocimiento preciso de las cosas, en tanto que las expresiones verbales viciaban la comunicación de esos conceptos por su polisemia, su ambigüedad, su vaguedad y su posibilidad de mentir. De ahí que plantear una lengua natural como lenguaje científico, como lenguaje con el que se manifieste la significación de la misma lengua natural, significa borrar la distinción entre concepto y expresión, eliminando el ideal reconfortante de un mundo conceptual preciso y unívocamente delimitado que sería, a fin de cuentas, el objetivo del análisis semántico. Si el semantismo de la lengua natural permanece en el análisis semántico, se pierde la posibilidad de liberarse de él para aclarar precisamente en qué consiste y, en consecuencia, se produce, para la descripción lingüística, por un lado, una opacidad que impide el reconocimiento objetivo y comparable de la semántica de una lengua frente a otra; para la semántica filosófica, por el otro, un círculo vicioso que impide llegar a conocer el mundo unívocamente.

La obra que habría de romper con esa tradición filosófica occidental fue *Philosophische Untersuchungen* de Ludwig Wittgenstein. Su crítica a las teorías de la representación conceptual se ha visto resumida, para los lingüistas, en su famoso aforismo § 43 de que "...el significado de una palabra es su uso", lo que de ninguna manera es una afirmación de carácter estadístico (del tipo: "el significado del vocablo X es X' porque tiene una frecuencia F [mayoritaria] en la población P de usos registrados"), sino la propuesta de que, en vez de preguntarse por conceptos ideales de carácter ontológico a propósito de la semántica de un discurso, se explore la manera en que se han utilizado las palabras que lo forman, retrotrayendo así a los signos lingüísticos por sí mismos toda la cuestión del significado. Partir de la concepción wittgensteiniana no implica ni negar la existencia de una relación entre los signos lingüísticos y sus referentes, ni borrar la distinción entre lenguaje y metalenguaje o entre lenguaje científico y lengua natural. Implica buscar en otro lugar sus fundamentos, como lo muestra la abundante literatura filosófica que toma la obra de Wittgenstein como punto de partida[17].

Se diría que el pensamiento de Wittgenstein debiera parecer natural a la lingüística que encuentra sus orígenes en la filología. Se diría también que Hjelmslev, a pesar de considerarse como uno de los más radicales estructuralistas, preveía el carácter último de la lengua natural para toda semiótica posible en el capítulo 21 de sus *Prolegómenos a una teoría del lenguaje*, cuando concluye que "a language is a semiotic into which all other semiotics may be translated —both all other languages, and all other conceivable semiotic structures. This translatability rests on the fact that languages and they alone, are in a position to form any purport whatsoever; in a language, and only in a language, we can work over the inexpressible until it is expressed" (*op. cit.*, p. 97). De acuerdo con esa conclusión de Hjelmslev, lo que tendría que tratar la semántica lingüística es precisamente la capacidad de toda lengua natural de organizar en sentido cualquier materia y tendría que reconocer, consecuentemente, que, como esa capacidad sólo corresponde a la lengua natural y no a ningún otro len-

[17] Cf. sobre todo Kuno Lorenz, *Elemente der Sprachkritik. Eine Alternative zum Dogmatismus und Skeptizismus in der analytischen Philosophie*, Suhrkamp, Frankfurt, 1971 y Hans-Julius Schneider, *Pragmatik als Basis von Semantik und Syntax*, Suhrkamp, Frankfurt, 1975.

guaje de características diferentes que la describa independientemente de ella, su objeto sólo puede ser tratado con una lengua natural, pues ningún otro lenguaje, ni formal, ni simbólico, es capaz de superarla, ni mucho menos de fundarla.

Lo que ofrece la lexicografía, por su carácter peculiar socialmente determinado, es una entrada de esta última clase a la investigación semántica. En la medida en que su objeto es la semanticidad de la lengua natural, la práctica histórica de la lexicografía y su compromiso con la necesidad de explicar el significado con la misma lengua (o con otra lengua, pero no con otro lenguaje de características diferentes) dejan de ser efecto de convenciones prácticas impuestas por su desarrollo y revelan su valor trascendental para una concepción semántica diferente a la que han hecho predominar el estructuralismo y el formalismo.

La localización más aguda de estas dos características de partida de la lexicografía se da en el artículo lexicográfico; es decir, en cada una de las estructuras de sentido que, mediante una ecuación sémica[18], se ofrece como una predicación acerca del vocablo que constituye la entrada al diccionario, cuyo carácter principal es el de dar lugar a una perífrasis definitoria

[18] La idea es de Josette Rey-Debove, "Les relations entre le signe et la chose dans le discours métalinguistique: être, s'appeler, désigner, signifier et se dire", *TraLiLi,* 7 (1969), 113-129 ; véase mi desarrollo en *Teoría del diccionario monolingüe*, cap. 4.

de los sememas de cada uno de los vocablos que conforman la nomenclatura del diccionario[19].

Una de las interpretaciones más extendidas de la ecuación sémica entre vocablo y definición lexicográfica es la que, al considerar el artículo lexicográfico como un texto, la establece como una proposición compuesta por (a) un predicador de sinonimia, que liga (b) la entrada con (c) la definición, y el predicador lo constituye una relación de significación: "El vocablo X significa X1, X2, ... Xn"[20]. Hay que recalcar que, como se ve, desde ese mismo momento el conectivo que relaciona ambas partes del artículo lexicográfico "se llena" y lo que estructuralmente se podría considerar un conectivo abstracto de sinonimia, en el lenguaje ordinario del diccionario monolingüe adquiere el semantismo del verbo *significar*

[19] Si uno se atiene al "modelo de trapecio" semántico de K. Heger ("La semántica y la dicotomía de lengua y habla", en *Teoría semántica II*), hay que considerar que el vocablo, unidad de rango tercero en su esquema ascendente de descripción (cf. *Monem, Wort, Satz und Text*, pp. 84-86), ya declarado como una unidad de existencia abstracta, puesto que combina los elementos de todo un paradigma de formas flexionales con la misma unidad autosémica mínima, resulta doblemente abstracto, al ser resultado de una relación múltiple entre varios signos monosemizados en el discurso y abstraídos en un solo signema en relación polisémica con varios sememas. Tal relación, que Heger concibe a partir del razonamiento estadístico de Charles Muller, resulta también del razonamiento "social" que aquí estoy postulando.

[20] Rey-Debove, *Étude linguistique et sémiotique...*, p. 188.

(o los correspondientes en otras lenguas, como fr. *signifier*, ingl. *to mean*, al. *bedeuten).* Desde ese momento el o los significados de significar remiten la interpretación de la definición a una comprensión inmanente a la lengua en que se escribe el diccionario y a las posibilidades de interpretación de la comunidad lingüística a la que pertenece, trascendiendo el análisis lingüístico hacia la recuperación social de la lengua.

Si se cambia la interpretación del significado del vocablo que sustancia el conectivo sinonímico de la ecuación, sus efectos interpretativos también varían. Es decir, si se considera que el conectivo no es *significar* sino, por ejemplo, *designar* (fr. *désigner,* al. *bezeichnen),* el efecto teórico resultante será: o bien que el diccionario manifiesta un análisis onomasiológico previo, basado en noemas universales, cuya expresión lingüística particular se desea conocer (y en ese sentido el diccionario se orienta hacia el contraste entre lenguas), o bien que propone una teoría de la relación entre los vocablos y sus referentes, en la cual se postula, desde un principio, la existencia de una univocidad designatoria constitutiva de las lenguas (y el diccionario, en consecuencia, propone una concepción rígida de "significados propios, literales o rectos y fundamentalmente correctos" de sus vocablos en relación con un mundo referencial distinguible y estipulable de una vez para siempre)[21].

[21] Un diccionario así tiende a ser homonímico, pues la acep-

Pero si se conserva *significar* como sustancia del conectivo sinonímico lo que se introduce es: a) una teoría semántica en la que es posible concebir la existencia de relaciones polisémicas entre sememas de un mismo vocablo y, en consecuencia, una teoría compleja de la relación referencial entre signos y referentes; es decir, del modo en que los seres humanos expresan su conocimiento del mundo; b) la imposibilidad, consecuente, de establecer significados "rectos" o "literales" frente a otros "derivados", "figurados" o "connotativos"; y c) la apariencia, al menos, de que es imposible configurar pirámides conceptuales entre los elementos que constituyen las perífrasis definitorias de toda la macroestructura del diccionario, pues la significación que permite una lengua da lugar a la aparición de varias versiones del conocimiento del mundo y esas versiones se entrecruzan. Por lo tanto, la elección interpretativa de la sustancia del conectivo sinonímico de la ecuación sémica apunta a una rica variedad de cuestiones de interés para toda teoría semántica, en la medida en que revela, gracias al compromiso originario de la lexicogra-

tación de la existencia de vocablos polisémicos contradice su rigidez designatoria. La polisemia de un vocablo como esp. mex. *feria* 'exposición de mercancías' (al. *Messe*) y 'parque de diversiones' tendrá que interpretarse como la coexistencia (o la colisión, para más de un purista) de dos vocablos fortuitamente semejantes en su significante.

fía con el público, la existencia de fenómenos lingüísticos a los cuales no se les ha prestado atención, a causa de la devoción formalista de la semántica contemporánea.

Lo característico de las perífrasis definitorias en un diccionario es que se componen de sintagmas funcionales tan complejos como los puede construir la lengua natural y que su selección de vocabulario se guía por el significado general de su texto, lo cual contradice el orden y el control de semas postulados, ya sea por el estructuralisrno lingüístico, o ya sea por el principio de composicionalidad de los teóricos filosóficos del lenguaje.

Así por ejemplo, en muchas perífrasis definitorias parece establecerse, desde el punto de vista conceptual, el patrón aristotélico de la definición mediante un género próximo y una diferencia específica. Eso sucede en la definición de vocablos referidos a las llamadas "clases naturales", como los nombres de animales, de plantas, etc. Cuando se trata de la definición lexicográfica de esta clase de vocablos, la semántica estructural y la filosofía del lenguaje quieren ver en ella campos semánticos jerarquizados, de carácter composicional y acordes con las normas de la definición científica intensional. Pero en un diccionario basado en la ecuación sémica con *significar* los rasgos definitorios no son los que establece una disciplina científica, como la taxonomía biológica, ni corresponden —más que circunstancialmente— a la enumeración de propiedades intensionales de un objeto[22]. Por el contrario, los rasgos definitorios de una definición de diccionario son los que ha establecido la historia de una comunidad lingüística sobre la base de sus diferentes modos de significar (que constituyen el núcleo de una verdadera "teoría de la significación") y no a partir de una taxonomía previamente estructurada. Muchos de esos rasgos están en la base de las taxonomías naturalistas científicas, pues al fin y al cabo ellas son también productos de la cultura, pero no todos tienen la pertinencia intensional que postulan los requisitos de la definición científica. Así por ejemplo, los rasgos que Pottier[23] analizaba como "virtuemas", por la imposibilidad de clasificarlos rígidamente como semas, pues aparentaban ser solamente regularidades de coocurrencia semántica (la blancura de las gaviotas, el azul del cielo, etc.), forman parte necesariamente de una definición de diccionario, ya que determinan la significación en la medida en que corresponden a las experiencias sociales globales de sus referentes[24] como en:

[22] Cf. la rica serie de ilustraciones al respecto en Kurt Baldinger, *Teoría semántica, Hacia una semántica moderna,* trad. José Luis Rivarola, Alcalá, Madrid, 1970.

[23] "Hacia una semántica moderna", en *Lingüística moderna y filología hispánica,* Gredos, Madrid, 1968, p. 127.

[24] La experiencia de la realidad, construida e interpretada socialmente, da lugar a la formación de estereotipos de los referentes de los signos lingüísticos: la blancura de las gaviotas o el

azul Que es del color del cielo sin nubes o del mar cuando brilla el sol,

gaviota Ave acuática..., excelente voladora, más grande que una paloma y generalmente de color blanco...

En los dos casos lo que propone la definición lexicográfica es una comprensión que trasciende los "campos" de definición intensional de los colores o de las aves hacia la *experiencia sintética* de los hablantes.

Hay rasgos pertinentes a la cultura que difícilmente serían tomados en cuenta por una definición científica, como el de la 'astucia' de las zorras, el de la 'sanguinariedad' de los tigres, o el de la 'cobardía' de los chacales, que son significativos en la comunidad hispanohablante. Todos ellos son ajenos a la definición científica de sus referentes y no estructuran una realidad en la medida en que no *recorren* el total de los elementos con los que se relacionan en un "campo"; por el contrario, tienen *sentido* culturalmente y de ahí derivan su capacidad simbólica. La perífrasis definitoria, por lo tanto, no vale para su interpretación como una simple adyunción de semas, sino que la jerarquía de los *elementos léxicos* que la

azul del cielo forman parte central de esos estereotipos y sobre ellos gravita la capacidad de significación del signo. Cf. mi *Teoría del diccionario monolingüe*, cap. 5.

componen se establece a partir de su sentido *general* como texto y sobre la base de las relaciones formales que crea la sintaxis de la lengua ordinaria.

Si se consideran otros vocablos, que no refieren a clases naturales, su significado no solamente deja de cumplir con los requisitos de la definición aristotélica, sino que sólo llega a adquirir pleno sentido cuando se lo toma en su conjunto como un "programa" de interpretación, como sucede, por ejemplo, con el vocabulario de las pasiones:

amistad Relación de afecto, conocimiento y confianza mutuos entre personas,

amor Sentimiento, deseo, impulso de afecto, ternura y solidaridad por alguien,

afecto Inclinación o afición de una persona hacia otra o hacia alguna cosa

compasión Sentimiento de inclinación a participar en el dolor, el sufrimiento o la tristeza de otra persona, por disposición del ánimo hacia los demás seres humanos o por afecto hacia ellos.

Pues si *amistad* significa una relación recíproca entre personas, *amor*, *afecto* y *compasión* destacan una orientación de una persona a otra y no (necesariamente) su correspondencia; y si en *amor* y *compasión* su carácter de sentimiento tiene un lugar principal, en el primero sigue el deseo, en tanto que en el segundo no aparece, pero todas estas "oposiciones" son participativas y no disyuntivas, como ocurre en el análisis estructural. Se ve, entonces, que el objetivo de la definición lexicográfica es sobre todo inducir en su lector un principio de comprensión, en tanto que el objetivo del análisis estructural es agotar un significado que se pretende total. Si bien vocablos de este tipo se pueden someter a un estudio de campo semántico estructuralista, en particular cuando forman parte de un corpus cerrado de datos, cada significado constituye, para el diccionario, una propuesta abierta de interpretación, que nunca excluye por principio un uso y que permite usos naturalmente orientados hacia la metáfora; el análisis estructuralista, por lo contrario, clausura el sentido y se ve forzado a postular que todo nuevo uso o bien resalta rasgos que no se habían descubierto, pero que han estado siempre contenidos en la gran estructura semántica, o bien lo juzga, junto con la metáfora, como cierta clase de desviación.

En casos como estos, la concepción semántica de la lexicografía, pero sobre todo la validez de su discurso para el lector ordinario hacen imposible poder llegar a formular un lenguaje científico total y final de la descripción semántica. Lo que los hace significativos no es, por lo tanto, su pertenencia a estructuras semánticas cerradas, sino su participación en un significado global del texto definitorio, no resultado de una interpretación, no un *interpretado,* sino una posibilidad de interpretación, un *interpretable.* La semántica formalista, empeñada en hacer corresponder a cada vocablo un conjunto ordenado de semas binarios y a cada proposición un significado composicional sometido a algoritmos que, como tales, requieren de una mecánica de aplicación y de lectura —algo que, por lo demás, suelen olvidar muchos formalistas— está fatalmente condenada a no poder crear nunca un lenguaje científico de descripción o teórico que traduzca unívocamente el significado de la lengua natural. La lexicografía, en cambio, si reivindica la interpretabilidad del discurso ordinario, está en posibilidades de iluminar mejor las características de la lengua natural y los límites y el horizonte de su estudio científico.

Lo que produce la lengua natural como lenguaje de la lexicografía es, en consecuencia, una reflexión de carácter interpretativo sobre ella misma (o sobre otra lengua que tome por objeto); ese carácter no se pierde nunca; no llega a clausurarse en un lenguaje controlado y autocontenido; y no da lugar a un metalenguaje que se distinga positivamente de su lengua-objeto y que la fundamente. La lengua natural como lenguaje de descripción lexicográfica y semántica opera explorando el sentido de los textos y la manera en que se relacionan los signos con sus referentes. En ambos casos, su finalidad es *dilucidatoria:* analiza un vocablo, ofrece un conjunto de interpretaciones globales de sus significados en contexto, y formula sememas como funciones de significación, no como fórmulas definitivas de la composición del significado. En cuanto funciones de significación, las perífrasis definitorias de los vocablos analizados aclaran lo ya dicho o ya escrito y facilitan la interpretación de lo que todavía no se ha verbalizado. No se alejan del semantismo de la lengua natural, sino que gravitan sobre él para producir sentido en sus interpretaciones. Es decir, integran e interrelacionan el sentido que se forja en una comunidad lingüística. No son neutrales, sino que se sustancian en la inmanencia de la significación de la lengua natural, cuyos contornos de sentido siempre están en la posibilidad de alumbrar[25].

La lexicografía ha sido hasta ahora una de las más antiguas disciplinas lingüísticas; mucho más antigua que la misma lingüística. El lenguaje de la lexicografía, en consecuencia, merece ser considerado como un importante objeto de estudio de la lingüística, si su objetivo es llegar a conocer las maneras en que opera la capacidad humana de hablar y de entenderse con los demás, y si la lingüística desea llegar a fundamentar su carácter científico sobre hechos realmente existentes, y no sobre especulaciones limitadas procedentes, precisamente, de donde el lenguaje no se objetiva en su sustancia verdadera: la pobre comprensión matemática de lo que son las lenguas naturales y la apresurada ansia ontológica por salirse de ellas.

[25] No trataré aquí el peligro de una sobreinterpretación por parte de la lexicografía, ni de una manipulación de carácter ideológico, que son inherentes a todo procedimiento de interpretación.

"CONCEPTOS" Y JERARQUÍA DE TÉRMINOS

EL PROBLEMA

Una discusión característica de la filosofía de la ciencia y de la lógica tiene por objeto los términos especializados, aunque considerados como *nombres de conceptos* o como *conceptos*. Algunos científicos y muchos filósofos se preguntan cómo es posible que un *concepto* cumpla con las condiciones analíticas necesarias y suficientes como para corresponder al objeto a que se refiere. El filósofo angloamericano Hilary Putnam[1] da el siguiente ejemplo, a propósito del "concepto" *Fish* ('pez', en castellano):

> (1) El hecho de que el concepto "clase natural, la totalidad de cuyos miembros vive bajo el agua, respira por agallas, etc." no se ajuste estrictamente a la clase natural Fish, no quiere decir que el concepto no *co-*

[1] *Mind, Language and Reality. Philosophical Papers*, t. II, Cambridge University Press, Cambridge, 1975, pp. 196-197.

rresponda a la clase natural Fish. [...] el concepto no es exactamente correcto (como una descripción de la clase natural correspondiente), pero eso no lo vuelve una *ficción*. (2) El concepto continuamente está cambiando como resultado del impacto de los descubrimientos científicos, pero eso no significa que deje de corresponder a la misma clase natural (que, en sí misma, por supuesto, también está cambiando)[2].

Este párrafo de Putnam ejemplifica claramente, a mi ver, la manera en que se plantea la filosofía de la ciencia (o, por lo menos, una gran parte de ella) la relación entre conceptos y objetos, pasando inadvertidamente sobre los términos.

No es algo muy diferente como la semántica lingüística deudora de los planteamientos de Ogden y Richards[3] concibe la relación signo-concepto-objeto:

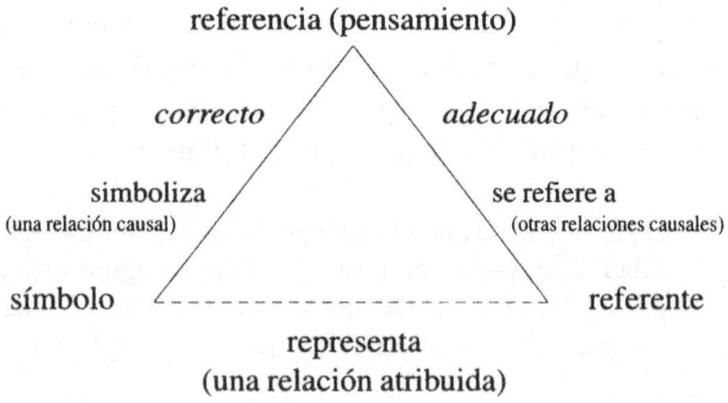

[2] La traducción es mía.

[3] C. K. Ogden e I. A. Richards, *El significado del significado*.

En este famoso triángulo la "referencia" ocurre en el pensamiento y viene a equivaler al "concepto" que se forma el individuo acerca de los "referentes" (objetos, relaciones) que quiere "simbolizar"[4]; es decir, como en el ejemplo de Putnam, hay una relación directa entre el referente y su concepto que no está mediada por el símbolo, y es la adecuación entre ambas la que abre las interrogaciones que se plantea la filosofía. Con la misma perspectiva entendía también Eugen Wüster, me parece, las relaciones entre los tres vértices del triángulo, aun cuando, como señala Ma. Teresa Cabré[5], en su obra el triángulo de Ogden y Richards sufre importantes modificaciones[6]:

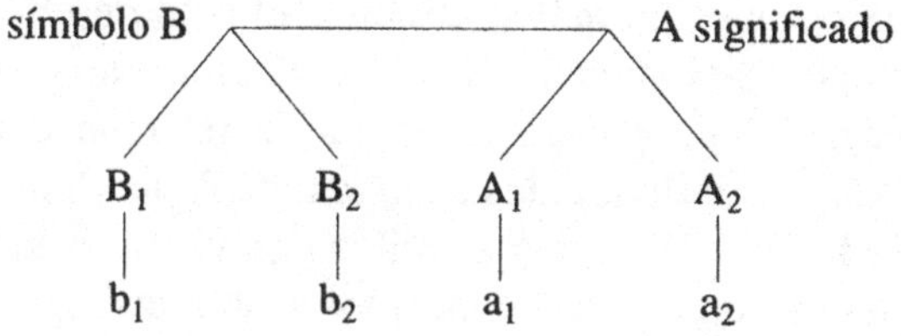

Una investigación sobre la influencia del lenguaje en el pensamiento y sobre ciencia simbólica, trad. Eduardo Prieto, Paidós, Buenos Aires, 1964 [1a. ed. inglesa 1923], t. I, 27.

4 Cf. aquí mismo, "Por una nueva teoría del signo", para mayores precisiones acerca del "triángulo" y su sentido.

5 Ma. Teresa Cabré, *La terminología. Teoría, metodología, aplicaciones*, Antártida/Empúries, Barcelona, 1993, pp. 95-96.

6 Habría que suponer que la "referencia" de Ogden y Richards es equivalente al "significado" de Wüster.

a_1, a_2 representan los objetos individuales de la realidad
A_1, A_2 son los conceptos individuales que representan a_1, a_2
A es el concepto abstracto que representa A_1, A_2
B es el concepto de la representación simbólica de A
B_1, B_2 son la representación abstracta individual de una forma fónica o gráfica, y
b_1,b_2 son representaciones fónicas de B_1 y B_2.

Pues si Ogden y Richards postulan una relación sólo *adecuada* entre referente y referencia (objeto y concepto), debido a que las propiedades o particularidades del referente son muchas y determinadas por los contextos —situacionales, internos al hablante y externos— en que se produce el acto de referencia (una posición claramente psicológica y no ontológica), Wüster parece creer que la relación entre los "objetos individuales de la realidad", los "conceptos individuales" a que aquéllos dan lugar en la mente del hablante y los "conceptos abstractos" que se obtienen de los segundos es causal y fija.

Igualmente, si Ogden y Richards no predican la "individualidad" de los conceptos más cercanos a los objetos de partida, como podrían hacerlo, dada su posición psicológica, Wüster parece creer implícitamente que los objetos se aprehenden en su individualidad y que los primeros conceptos que se forma el ser humano de ellos son también, por ello, individuales, por lo que tiene que haber un segundo paso, "abstracto", que cree conceptos generales o conceptos sin más, de los objetos en cuanto clases.

Ogden y Richards recogían las largas tradiciones filosófica y psicológica existentes acerca del "significado" y la "significación" (los dos significados de la palabra inglesa "meaning"); Wüster, en cambio, parece partir de una psicología especulativa y ontologizante sobre la relación entre objetos y conceptos.

En ambos casos, como también en el ejemplo tomado de Putnam, no se pone en duda la existencia de los "conceptos" (o la "referencia"), ni su carácter mental *anterior* al signo o al símbolo. Ogden y Richards sostienen explícitamente que la relación entre referencia y símbolo es orientada de la primera hacia el segundo, y que además es causal. La doctrina de Wüster, que antepone los conceptos a los términos, podría considerarse idéntica a la de Ogden y Richards.

Para esa clase de concepciones semánticas el signo o "símbolo" —como prefieren llamarlo Ogden, Richards y Wüster— es relativamente despreciable, por cuanto su valor solamente reside en que ofrece una manifestación material al proceso psíquico en que se forma y reside el "concepto"[7]. Nótese al res-

[7] Una idea conveniente para la traducción, pues simplifica el paso de lo significado en una lengua a lo significable en la otra, postulando que los signos de ambas no son sino vehículos materiales diferentes para un "concepto" idéntico.

pecto que Putnam utiliza la palabra *fish*, pero no en cuanto signo sino en cuanto concepto o, en todo caso, en cuanto símbolo del concepto.

Tales concepciones no provienen de investigaciones empíricas de los fenómenos de la significación, ni de la problematización de la naturaleza de los signos, que es la razón principal de ser de la lingüística. Tampoco se le podría exigir a la tradición filosófica que lo hiciera, ya que proviene de muchos siglos antes de que se definiera el objeto de la lingüística. Sin embargo, puesto que hoy en día la ciencia del lenguaje es una disciplina desarrollada, con un cuerpo de datos abundante y variado, y con varias teorías de carácter empírico, de las cuales se puede partir para reconsiderar las relaciones objeto-concepto-signo, lo menos que se puede esperar —tanto más entre terminólogos y lexicólogos— es una actitud crítica de la tradición semántica y un esfuerzo por comprender la naturaleza de los vocablos o de los términos, liberados de la especulación psicológica y ontológica.

Para poder hacerlo hay que tomar en cuenta que el objetivo de la terminología es estudiar y explicar la naturaleza y el comportamiento de los términos —vocablos— que utiliza el conocimiento especializado en su comunicación, tanto en una sola lengua como entre muchas lenguas. Por principio, en consecuencia, no debiera ser aceptable fundar una teoría del término en una entidad especulativa, como es el "concepto", de cuya existencia real no hay pruebas ni neurofisiológicas, ni psicológicas. Lo más que se puede aceptar es que la entidad "concepto" sea, en primera instancia, sólo una elaboración explicativa sintética y conveniente para significar la experiencia común de la comprensión entre individuos y entre hablantes de lenguas diferentes; es decir que el fenómeno real, observable científicamente, es que con la *palabra* "concepto" significamos toda unidad considerada invariable y abstracta, mediante la cual podemos referir a objetos, clases de objetos y construcciones explicativas de fenómenos y acontecimientos complejos experimentados, como si tuvieran una "representación" análoga en la mente, de manera unívoca y universal. Pero éste es el *significado del vocablo* "concepto" relativamente equivalente a los significados de *Begriff*, *concepte* o *concept* en alemán, francés e inglés (la clara cercanía, o incluso identidad de definiciones de esas cuatro palabras no es un fenómeno mental, o imbuído en el espíritu, sino efecto de una historia común de cultura y civilización).

Una solución lingüística

En otros trabajos he argumentado que la solución lingüística a la concepción semántico-filosófica tradicional tiene su raíz en la definición saussureana del *signo* como objeto de la ciencia del lenguaje (especialmente en mi artículo "Por una nueva teoría del signo", pp. 49-69). En efecto, si una ciencia sólo puede constituirse a partir de la objetivación de un fenómeno material, solamente el signo lingüístico puede dar lugar a la objetivación necesaria, puesto que el "concepto" o la "referencia" no se manifiestan materialmente y, en consecuencia, no se pueden objetivar fenomenológicamente, sino sólo especulativamente.

Tampoco puede acudirse a la psicología o a la neurofisiología en busca de los fenómenos distintos del "concepto" y de la "referencia". En la primera, la investigación de los "conceptos" toma los signos ("sus" signos) como reactivos y elabora los resultados de sus pruebas desentendiéndose de la densidad fenoménica de los signos, sobre la base de la tradición semántica especulativa; en la segunda, no sólo el procedimiento de investigación es el mismo de la psicología, sino que los datos neurológicos no alcanzan especificidad alguna, que permita identificar la existencia de los "conceptos" como unidades neurofisiológicas de algún tipo.

En cambio, sólo la lingüística saussureana define un objeto material, en el que pueda fundarse la investigación y ese objeto es el *signo*, tal como aparece a nuestros sentidos, con una identidad metódicamente demostrable, tanto en términos morfológicos y fonéticos, como en términos de comunicación humana.

LOS FUNDAMENTOS COGNOSCITIVOS

Los *signos*, como enseñaba Saussure, están compuestos por *significados* y *significantes*. Una cadena de sonidos emitidos por la voz humana es *significante* si y sólo si al oponerse a otra cadena de la misma clase se distinguen una de la otra por querer decir cosas distintas, por tener cada una de ellas diferente *significado*; dos *significados* son distintos si y sólo si a cada uno de ellos corresponde un *significante* diferente (para resolver el fenómeno de la polisemia hay que ampliar la extensión del *significante* a una oposición entre contextos diferentes). Con esta prueba de conmutación es como se reconoce la identidad de cada signo; no hay que acudir a los "conceptos" para delimitar los significados; la prueba puede verse como estrictamente distribucional o incluso comportamentista. Insisto: ni la psicología ni la neurología pueden ofrecernos una definición equivalente para el "concepto".

La objetivación saussureana del signo, que es inmanente a la lengua y no postula fenómenos que la trasciendan deja de fuera, lógicamente, el modo en que se forma el signo, la manera en que los signos llegan a significar experiencias del hablante, y las explicaciones sobre la posibilidad de comunicación entre hablantes de lenguas diferentes. Estas explicaciones son también tarea de la lingüística, pero para darlas no tiene que acudir a la tradición semántica filosófica en busca de sustento.

Por el contrario, para explicar cómo se forma el signo y cómo se significa con él, se necesita elaborar una fusión fructífera con la psicología. Hasta ahora no parece haber mejor sustento psicológico que el que ofrecen los estudios de Jean Piaget acerca de la formación de la inteligencia y del símbolo. Según Piaget la inteligencia se forma sobre la base de esquemas senso-motores procedentes de los reflejos (que forman parte de la herencia biológica humana) pero gracias al ejercicio de los sentidos y a la operación con los objetos que rodean al ser humano. No hay indicio de cómo residen los esquemas senso-motores en la corteza cerebral, ni mucho menos de qué clase de esquemas se trata (hay que llevar a cabo, siempre, una tarea de profilaxis mental, para dejar de concebir los esquemas como dibujos de alguna clase); Piaget los comprueba indirectamente, analizando las acciones y las reacciones del ser humano desde su más temprana niñez.

Los esquemas senso-motores dan lugar muy pronto a otra clase de esquemas, correspondientes a primeras objetivaciones de las cosas, en las que se disocian las acciones efectuadas con ellas de las cosas mismas, hasta llegar a construir lo que Piaget entiende por "representación"[8]: la capacidad de recordar o de concebir los objetos en su ausencia y con carác-

[8] No puedo tratar en este trabajo la idea piagetiana de la "re-

ter de invariantes. Ya la teoría de la *Gestalt* había señalado la existencia de tales esquemas, que confirmaron los experimentos llevados a cabo por la contemporánea hipótesis de los "prototipos", enunciada con la mayor claridad por Eleanor Rosch[9].

Sin duda el papel del lenguaje en la formación de los primeros esquemas es, cuando menos, muy reducido, pero puesto que el ejercicio y la operación con los objetos no se da en contextos aislados de la vida social, la lengua de la comunidad que rodea al individuo puede o debe tener algún papel en la formación de esos esquemas. Esto no lo considera Piaget, quien incluye los signos en la "representación", sin distinguirlos claramente de los esquemas invariantes (gestaltistas o prototípicos), y soslaya tanto su intervención en la formación de los esquemas cognoscitivos, como el tema de la propia formación del signo. Pero ello no obsta para que se pueda proponer que el lenguaje interviene en la construcción de "representaciones" cognoscitivas.

---

presentación", que desempeña un papel central en su teoría de la formación de la inteligencia y del símbolo, con la prolijidad que exige; pero su indudable valor no impide poner en cuestión algunos de sus aspectos.

[9] Los objetivos y las dimensiones de este trabajo no me permiten desarrollar estas relaciones entre Piaget, la Gestalt y Rosch. Sobre esta última y la hipótesis del prototipo véase el capítulo 5, § 2 de mi *Teoría del diccionario monolingüe* y el artículo aquí incluido sobre "Prototipo, estereotipo y significado".

La investigación de la manera en que se adquiere la lengua materna tiene todavía ante sí un enorme campo de estudio, que le permita superar lo ya logrado por Piaget y otros estudiosos, como Vigotsky, pero la teoría piagetiana ya es suficientemente sólida como para poderla tomar como base de nuevas preguntas y mejores resultados. Lo que demuestra Piaget, ante todo, es que los esquemas cognoscitivos son construcciones elaboradas a partir de la experiencia y que, como construcciones, son intrínsecamente contingentes, de acuerdo con el azaroso conjunto de las experiencias de los seres humanos; es decir, que los modos en que se elaboran y sus características están sujetos a la experiencia de cada ser humano, y de ninguna manera son simples develaciones de conceptos universales, previamente existentes en el espíritu, como lo consideraba Platón o como lo cree la tradición semántica desde San Agustín.

Tal contingencia, sin embargo, crea esquemas a) de la misma clase y b) característicamente invariantes, aunque no en términos de una lógica binaria, sino de una lógica difusa. He ahí el valor de la hipótesis del prototipo: un prototipo es el mejor ejemplo del esquema cognoscitivo de un objeto aprehendido en el azar de la experiencia.

Sin duda hay esquemas cognoscitivos que no son verbales: los que rigen el movimiento de la mano al escribir o de los ojos al leer; los que delimitan nuestro sentimiento de la armonía o de la disonancia; los

que hacen fácilmente paladeable un platillo de la cocina francesa para las culturas de Occidente, pero no tanto de la cocina azteca; los que definen el espacio euclidiano. Lo que no se puede soslayar es que no son esquemas creados en una supuesta pureza perceptual e intelectual, aislada de la vida social: a partir de Piaget se puede demostrar cómo incluso esquemas que nos parecen tan automáticos e instintivos como la habilidad motora fina, que se requiere para escribir, es una habilidad desarrollada y educada.

Supongo que lo que quieren significar los psicólogos y quizá muchos filósofos con la palabra "concepto" es precisamente esta clase de esquemas del conocimiento. Si es así, entonces se puede aceptar como una buena hipótesis, que la psicología del conocimiento podrá continuar explorando, que hay realmente conceptos que no se verbalizan, pero lo que no puede aceptarse es que sean los mismos a priori para todo ser humano, que sean "representaciones" no sólo homólogas, sino isomórficas de los objetos (idea que está implícita cuando se habla de "imágenes" mentales de las cosas), y que en consecuencia los signos sean sus simples soportes materiales.

Los fundamentos pragmáticos

Por lo contrario, en lo que insiste Piaget es en la *construcción* de esos conceptos mediante la operación con las cosas y las pruebas sucesivas de su funcionamiento hasta llegar a precisarlos. Quien observa la formación de la inteligencia de cada ser humano sabe que ésta se produce siempre *en sociedad* y con la ayuda de otros individuos. Por eso se puede afirmar que es la "comunidad de inteligencia" en la que vive cada individuo la que lo lleva a *construir* el concepto común, sobre la base de la comunicación de las experiencias con los demás. Es esta dimensión pragmática la que requiere destacarse para completar la teoría de la formación de la inteligencia y de todas sus consecuencias.

Como he argumentado en mi *Teoría del diccionario monolingüe*, en muchísimos casos es la lengua la que hace inteligibles los esquemas cognoscitivos o conceptos que cada quien elabora (tanto para él mismo, como para los demás), pues su validez y su operatividad no se cristalizan mientras no los contrasta con la experiencia común, si no los significa con signos, que los alumbran y los ponen en cuestión. El signo no es, en consecuencia, el mero soporte material de la referencia, sino el instrumento comunitario, material, mediante el cual se perfila, se delimita, se precisa la cognición y se confirma.

Los estudios de la adquisición de las lenguas maternas muestran constantemente cómo no acaba de precisarse un conocimiento mientras no se signifique con un signo y se lo ponga en circulación, para que reciba el espaldarazo de la inteligibilidad social.

mente correcto (como una descripción de la clase natural correspondiente); el *significado de la palabra*, tampoco, en relación con las características objetivas del conjunto de esos animales, pero eso no los vuelve una *ficción*. (2) El *concepto* continuamente está cambiando como resultado del impacto de los descubrimientos científicos, pero eso no significa que deje de corresponder a la misma clase natural (que, en sí misma, por supuesto, también está cambiando); la discrepancia que por eso mismo puede llegar a tener con el *significado de la palabra Fish* puede dar lugar a la necesidad de crear otros signos, que resulten más adecuados a las necesidades de la comunicación especializada.

El concepto 'clase natural, la totalidad de cuyos miembros vive bajo el agua, respira por agallas, etc.' es, en efecto, una construcción científica, elaborada por la ictiología. Por muchos siglos la palabra *fish* (o la palabra *pez*) sólo significaría algo como 'ser acuático de figura fusiforme, dotado de aletas'[10]; en castellano *marisco* significaba, en 1326, 'cosa de mar'; ya para 1399, según Corominas (s.v.), quería decir 'animal marino invertebrado', por lo que se distinguiría el pez del marisco. *Crustáceo* y *molusco*, apenas registrados en 1843 y 1884 por la Academia

[10] El *Diccionario de Autoridades* define *pez* como "animal que nada y vive en el agua". No he podido consultar *fish* en el diccionario del Dr. Johnson.

Española, son ya cultismos, que reflejan un interés taxonómico, es decir, una construcción conceptual[11]. El rasgo de 'respirar por agallas', que le sirve a Putnam para definir la clase natural de los peces, no parece haber sido parte del significado tradicional de la palabra *pez*, sino que proviene únicamente de la observación científica, hecha con un ánimo de objetividad clasificatoria, para distinguir al pez de crustáceos, moluscos, ballenas, delfines y hasta de tiburones. El "concepto" 'fish', 'pez' del que habla Putnam es, en consecuencia, un resultado característico del interés científico por una parte del conjunto de objetos significados por las palabras *fish* y *pez*, por eso "no se ajusta" estrictamente al significado de esas palabras (y no a la 'clase natural', que es también una construcción científica, precisamente definida por los rasgos *intensionales* del concepto, no una clase autoevidente). Hay, por lo tanto, una relativa *inadecuación* entre la clase de esos seres acuáticos establecida por la ciencia y el significado de las palabras que refieren a ellos; la inadecuación entre el conjunto real de los peces y el concepto creado para englobarlos, como afirma Putnam, no es causada por los signos con que se habla de ellos, sino por el avance intelectual que dio lugar a las ciencias y al interés por el

[11] Toqué también estos vocablos en mi *Teoría del diccionario monolingüe*, cap. 5, § 2.3.1 y nn. 44 y 45.

conocimiento objetivo, que redefine constantemente las clases de objetos con que trabaja (por eso es también cierta la segunda afirmación de Putnam). El concepto 'clase natural, la totalidad de cuyos miembros vive bajo el agua, respira por agallas, etc.' no tiene por qué corresponder al significado de las palabras *fish* y *pez*, y tampoco es un concepto inmóvil, unívoco y universal, homológico de la clase real de esos seres. El concepto es, por ello, una vez más, sólo una construcción científica. Es esa inadecuación la que está en el origen de la investigación científica. Por eso tiene razón Putnam en exponerla como problema, pero su solución no está en la especulación lógica o en la ontología, sino en una comprensión adecuada del esfuerzo de precisión y univocidad que caracteriza a la ciencia y su discurso.

PALABRAS Y CONOCIMIENTO

La experiencia del mundo y del ser humano mismo se construye desde la niñez y en la comunidad en que crece cada individuo. Se puede pensar que buena parte de las experiencias básicas ya se han acomodado en la inteligencia y se han vuelto inteligibles antes de comenzar la edad adulta. Entre ellas, sin duda, está el reconocimiento de las cosas que nos rodean, en relación con las cuales se ha aprendido un léxico que las nombra. Palabras como *pez*, *marisco*, *tiburón*, *cama-*

rón, *ostra*, etc. tienen un significado estereotípico[12], delimitado por la comprensión social de esos seres y por la pertinencia que tengan para la vida común. Lo mismo se puede decir en cuanto a palabras como *sierra*, *serrote*, *serrucho*, etc., con que se nombran algunos instrumentos de carpintería. Las clasificaciones que hace la comunidad lingüística de esos objetos bastan, por una parte, para hacer inteligible la experiencia o la actividad con ellos, pero por la otra, están limitadas por ese mismo horizonte de inteligibilidad. Cuando la sociedad se vuelve compleja, sus intereses se multiplican y sus necesidades crecen se produce, como decía Marx, una división social del trabajo. Diferentes grupos de individuos se especializan en cierta actividad, en cuyo conocimiento profundizan. En ese momento las clasificaciones de objetos tienden a aumentar, pero naturalmente sobre la base de las clasificaciones establecidas previamente y nombradas con signos de la lengua de la comunidad. A partir de entonces los signos aprendidos ya no bastan y hay que crear nuevos (en la minoría de los casos) o componer sintagmas de diferentes características y tamaños. Sea cual sea el caso, la denominación de objetos se produce junto con los procesos intelectuales en los que se buscan características, semejanzas y diferencias para mejorar la clasificación que se necesita.

[12] Cf. "Prototipo, estereotipo y significado".

"Conceptualización" y significación, por lo tanto, son dos caras del mismo proceso.

Un vocablo como *electricidad* tiene un significado estereotípico en nuestros días. Cualquier hablante entiende por él cierto tipo de corriente, que circula por alambres, sirve para producir luz, calor y fuerza, y resulta peligroso si no se lo maneja mediante aislantes y otros instrumentos. Putnam llama esta clase de significado "trans-teórico", siguiendo al filósofo Dudley Shapere (*op. cit.*, p. 197). Lo llama así porque, sea cual sea la teoría que se construya para explicar la electricidad (teorías que han venido variando en los dos últimos siglos), incluso los físicos que las propongan siguen utilizando la misma palabra, y su significado es el que los dota de un objeto común de estudio.

Me parece que es esa capacidad la más importante del vocabulario de una lengua ordinaria. No solamente ofrece a los científicos y a los técnicos nombres de objetos, sino que los provee de los medios para significar nuevas comprensiones mediante cambios de matiz en el significado, agregación de nuevos rasgos, enfoques que destacan otros aspectos, etc. En este plano, del vocabulario de la lengua ordinaria no se habla, todavía, de términos especializados. Asignemos a este primer nivel, de observación y clasificación de objetos mediante el vocabulario de la lengua ordinaria la abreviatura L_1.

PRECISIÓN Y DELIMITACIÓN

El discurso de conocimiento, que es el que formula un especialista, sea técnico, científico o filósofo, busca la producción de un conocimiento objetivo, verdadero y preciso de los objetos que maneja o sobre los que reflexiona. Lo mismo sucede con el discurso normativo en el que se busca delimitar y precisar objetos sobre los cuales recaen reglas o estándares de producción, o con los cuales se ejecuta cierta actividad que ha de regularse. Como lo muestran con claridad los vocabularios de la física, de la computación electrónica y del derecho, es el vocabulario de la lengua ordinaria el que les ofrece un primer acervo de palabras, cuyos significados adquieren precisiones o a las cuales se aumentan acepciones. Consideremos palabras como *gravedad* en física, *hardware* en computación o *amparo* en el derecho mexicano. A las tres se les ha añadido una acepción especializada, que se nutre de sus significados tradicionales. Se construye, en consecuencia, un segundo plano, de precisión y delimitación de significados, definido ya no por la comunidad lingüística en su tradicionalidad, sino por grupos de especialistas, orientados por necesidades e incluso valores trascendentes a la lengua misma, como son la univocidad del uso de los vocablos, la precisión y la eficacia comunicativa. A este segundo nivel de univocidad, precisión y eficacia de los significados de los vocablos le pondré la abreviatura L_2.

Teorización

Conforme las ciencias (ya no tanto las técnicas, que en este nivel revelan su carácter de método, de procedimiento o de aplicación del conocimiento científico) trascienden la observación y clasificación de datos y comienzan a elaborar explicaciones coherentes, exhaustivas y verificables de sus objetos de conocimiento, el vocabulario que utilizan en su discurso llega a requerir una reformulación total, en la medida en que debe corresponder a construcciones intelectuales no solamente precisas en extremo, sino además dar lugar a la incorporación de magnitudes que el vocabulario de la lengua ordinaria no conlleva. Por esa misma razón es por lo que las ciencias crean palabras nuevas, en la misma medida en que crean concepciones nuevas de sus objetos de estudio, o incluso nuevos objetos. *Positrón*, *neutrino*, *quantum*, etc. son ejemplos de vocablos creados por la física para designar objetos nuevos de conocimiento. Pondré la abreviatura L_3 a este tercer plano en que aparece el vocabulario teórico.

Metalenguaje

Definir de manera unívoca los términos utilizados por una ciencia, establecer sistemáticamente las reglas de su uso y fijar las condiciones para que una proposición científica sea verdadera son los objetivos de la creación de *metalenguajes*, tal como los definieron Alfred Tarski y David Hilbert[13]. El metalenguaje suele no consistir en términos nuevos, pero sí representa el extremo de precisión y univocidad de los usos científicos del vocabulario especializado. No todas las ciencias requieren metalenguajes para su fundamentación; sin embargo, por mor de sistematicidad, se puede integrar el nivel del metalenguaje como cuarto nivel o L_4.

En todos los casos, la realidad demuestra que todo significado léxico es producto de una elaboración dirigida por diferentes objetivos. Esa elaboración no consiste, de ninguna manera, en una simple asignación de vehículos materiales a los "conceptos" o a la "referencia" . El vocabulario se crea o se reformulan sus significados junto con la conceptualización. Es decir, los "conceptos" son inseparables del proceso de significación.

El concepto como construcción verbal

Como se ve en el ejemplo tomado de Putnam, no es que "haya" un "concepto" *fish* o *pez* del cual proposiciones como 'clase natural, la totalidad de cuyos miembros vive bajo el agua, respira por agallas, etc.'

[13] Cf. *supra*, pp. 91 y *ss.*, "Metalenguaje y lenguaje descriptivo".

no son más que su explicación o su definición. Por el contrario, puesto que esta definición es producto de una clasificación ictiológica, orientada a agrupar como miembros de la misma clase ciertos animales acuáticos, pero no todos (no los crustáceos, los moluscos, los tiburones, las ballenas, etc.), los esquemas cognoscitivos que desarrolla la ictiología para conocer más objetivamente los peces requieren comunicarse con una definición o una descripción, o no es posible darle existencia real a ese nuevo concepto. Por lo tanto la definición *es* el concepto. El significado estereotípico de *fish* o *pez* sirve para significar a todos los animales acuáticos que tienen aletas y cuerpo fusiforme, por lo que incluye tiburones y ballenas (considérese *Wallfisch* y *Haifisch*, del alemán, como prueba de una clasificación social de esos animales como peces). Es la ciencia, con sus métodos de estudio, la que elabora una idea más precisa de lo que son los peces, dando valor distintivo a la respiración por agallas. La palabra *pez* sirve para referir a esos animales, a propósito de los cuales se construye un concepto. El concepto científico de los peces es, entonces, una construcción, cuyas características no se conocen mientras no se formule en algún sistema de comunicación; sistema que, de manera central, es la lengua. El concepto es, por lo tanto esa *construcción discursiva* que llamamos definición o descripción científica. La palabra *fish* o *pez* significa a esos animales reagrupados por la ictiología como miembros de una sola clase natural, pero también significa a los elasmobranquios (un término creado por la ciencia, L_2) y a los mamíferos acuáticos como las ballenas. La lengua ordinaria provee a los científicos de un vocabulario para hablar de esos animales (L_1). El discurso de conocimiento elabora un concepto de ellos, que manifiesta discursivamente con una descripción científica o con una definición. A veces, logra corregir el significado tradicional de un vocablo (por ejemplo, nuestro significado de *sol* ya incluye como característica principal el que sea una estrella; en alemán se prefiere ya hablar de *Wall* y no de *Wallfisch*), pero otras veces tiene que inventar una palabra, que es un término especializado. Todos los "conceptos" que interesan a las ciencias, a las técnicas, o a la filosofía son *construcciones discursivas*, muchas de las cuales llegan a sintetizarse en vocablos, ya sea porque los toman de la lengua ordinaria o porque los crean como unidades morfológicamente convenientes.

A diferencia de los esquemas cognoscitivos con que se desarrolla la inteligencia humana, los conceptos con los que trabaja el conocimiento en las ciencias y en las técnicas son producto de un *trabajo discursivo*, caracterizado por el esfuerzo de delimitación de los objetos de conocimiento, la precisión y la eficacia de la comunicación especializada.

No hay lugar, en consecuencia, a suponer que esos conceptos existen independientemente de los signos en que han sido formulados, ni antes de su formulación, salvo que vuelva uno a caer en el platonismo. No hay, tampoco, organizaciones integrales ideales de todos los conceptos de cada campo del conocimiento, como hace creer la lingüística que hipostasia la onomasiología. Las organizaciones sistemáticas de los objetos de conocimiento son también construcciones, no reflejos de una organización conceptual previa e independiente, ni imágenes de una realidad organizada por sí misma.

Jerarquía de términos

Los vocablos que interesan a las disciplinas especializadas pueden clasificarse en una jerarquía que corresponde a diferentes estadios del conocimiento: El primer nivel (L_1), correspondiente a palabras de la lengua ordinaria que sirven a la denominación de objetos a partir de la manera en que los significa la comunidad lingüística, no interesa todavía a la terminología, sino a la lexicología en sentido restringido (puesto que la terminología es una disciplina de la lexicología). Generalmente son voces de la lengua ordinaria que tienen acepciones especializadas y que se convierten en materia de trabajo de la lexicografía. El segundo nivel (L_2) corresponde a un esfuerzo de precisión y delimitación de los objetos de conocimiento significados, en donde la significación del vocablo se convierte ya no en una denominación, sino en una designación, orientada por los valores particulares de la disciplina especializada en cuestión: son los *términos*, que constituyen el campo de trabajo de la terminología. El tercer nivel (L_3), en el que se reconstruye el significado de los términos o se crean nuevos términos, corresponde a una definición del concepto de carácter analítico, organizada de acuerdo con la sistematicidad de la teoría que los utilice. Es también campo de trabajo de la terminología. El cuarto (L_4) —metalenguaje— no difiere del tercero, desde el punto de vista terminológico.

Los procedimientos de trabajo terminográfico varían según el nivel jerárquico de los términos, sobre todo en cuanto a métodos de definición (definiciones constructivas frente a definiciones analíticas) y en cuanto a métodos de construcción en terminografías multilingües, pero no podré tratar esas cuestiones en este trabajo, que se orienta solamente a la teoría terminológica.

Organización conceptual

La organización sistemática de los términos varía según el nivel jerárquico al que pertenezcan: los vocablos de L_1, que son característicos de la lengua ordinaria, pueden organizarse con fines lexicográficos o terminográficos como "campos semánticos" (entendidos de manera laxa y no con la rigidez de la teoría estructuralista). Los de L_2 y L_3 (y L_4, si es el caso) pueden organizarse de acuerdo con la sistemática de la disciplina a que correspondan, de manera tanto más estructurada como se trate de términos teóricos (L_3). En el caso de vocablos de L_1 el proceso de organización es exclusivamente semasiológico, inmanente a cada lengua; la organización sistemática de los vocablos de L_2 y L_3 (y L_4) es ajena a los procedimientos lingüísticos, pero también resulta, en principio, una organización semasiológica.

El fenómeno interlingüístico

La idea antigua que supone la existencia de "conceptos" residentes en el espíritu, de los cuales los signos no son sino su manifestación material, secundaria y sustituible, puede haber surgido de la experiencia de la traducción entre lenguas: si es posible "decir algo" en una lengua y reproducirlo de manera muy semejante en otra, quiere decir que hay una invariante de sentido que es común a las lenguas entre las cuales se traduce y, además, independiente de ellas. La idea de la existencia de "conceptos" universales en el espíritu humano se impone a toda reflexión que no problematice la naturaleza del signo lingüístico. Mientras la semántica fue tema de la filosofía cristiana, era el espíritu la garantía de la existencia de unos conceptos imbuidos en él por Dios.

Pero si se acepta la inexistencia de esa clase de "conceptos" y, en cambio, se los considera como construcciones discursivas, la posibilidad de traducir los "conceptos" de una lengua a otra se problematiza. Lo común es que el traductor, interesado por traducir de una lengua A a otra lengua B, fije inadvertidamente los signos o el discurso de la lengua A como invariante, y se esfuerce por reproducirlos de idéntica manera en la lengua B. Invariablemente la lengua B "traiciona" lo que se quería decir en la lengua A. La lengua B resulta deficitaria en comparación con el discurso en lengua A. Se entiende que un terminógrafo, empeñado en la terminografía multilingüe, busque un *tertium comparationis* que resulte neutro para ambas lenguas y que le ayude a establecer las equivalencias terminográficas entre A y B. Esa es la función de la onomasiología, pero se la puede concebir de manera hipostasiada, es decir, asignándole una realidad conceptual anterior a las lenguas (la idea de Wüster), o como un instrumento de trabajo, cuya única realidad es la de ser construido *ad hoc* para el conjunto de términos que se está trabajando. De acuerdo con los argumentos que he venido ofreciendo en este trabajo, la onomasiología es solamente un instrumento de organización en la terminografía multilingüe. Cuando se hipostasia la onomasiología, necesariamente los signos que se utilicen en el esquema onomasiológico tendrán que verse como nombres de "conceptos" y no en su densidad significativa, propia de la lengua a la que pertenezcan[14]. La traducción de una lengua a otra es también un trabajo discursivo, que pasa por un profundo análisis contrastivo entre los significados de los términos de las lenguas en cuestión y que busca significar el mismo contenido proposicional de la lengua A en la lengua B. Pero, como lo sabe cualquier traductor, el mismo contenido proposicional no se puede reproducir de manera idéntica en la lengua B sino que siempre hay una creación de sentido, tanto mayor cuanto lo que se busca es una verdadera equivalencia. Tomemos un solo ejemplo de la computación electrónica: el término *buffer* pertenece al nivel L_2, pero como se trata de un vocablo del inglés ordinario, el conjunto de significados que se ofrecen como equivalentes al castellano llevan a las palabras *colchón* y *amortiguador*. Uno y otro vocablo del castellano parecen inadecuados para volverlos equivalentes del término técnico de la computación, pues se alejan de la significación del objeto así nombrado en inglés: una partición del instrumento de memoria de la computadora, que permite conservar cierta cantidad de datos en la memoria de corto plazo, para hacerlos intervenir en cualquier oportunidad. Ha habido ingenieros en México que proponen

[14] Cf. Heger, *Las bases onomasiológicas...*, que contiene su crítica a la inadvertencia de este fenómeno en el famoso *Begriffssystem als Grundlage für die Lexikographie* (Berlín, 1952) de Walther von Wartburg y Rudolf Hallig.

el término *memoria de alivio* como equivalente de *buffer*. Si en inglés la palabra destaca la amortiguación, como si esos datos representaran un choque o una presión excesiva sobre el instrumento de memoria, en la propuesta mexicana (que no ha tenido suerte: se adoptó el anglicismo) lo que se destaca es el alivio que representa el funcionamiento de esa parte de la memoria de la computadora para el resto de su manejo de datos. Siempre que se fije como invariable la lengua A (en este caso, el inglés) la lengua B resultará poco apta para reproducir lo significado en A. Si, además, se toman los signos de A como "conceptos" de carácter universal, entonces habrá que forzar la lengua B para que se ajuste a ellos, violentando su propia semántica y considerándola pobre e incapaz de ajustarse a las necesidades de la civilización contemporánea.

El problema no tiene fácil solución, pero si en vez de fijar términos como "conceptos" invariables en la terminografía multilingüe se fijan definiciones o descripciones (que son construcciones discursivas), el proceso de equivalencia entre lenguas puede facilitarse e incluso hay más libertad para seleccionar vocablos o para crear nuevos significados en vocablos de la lengua ordinaria. Entre los publicistas mexicanos se habla de una noticia falsa como de un *canard*, tomando prestado el vocablo francés de las técnicas publicitarias angloamericanas. Ofrecer *pato* como equivalente al español de México no tiene sentido, pues supongo que el término francés tiene una larga motivación histórica, que no es posible reproducir en castellano. En México, en cambio, una noticia falsa es un *borrego*. El equivalente terminográfico de *canard* en la publicidad mexicana es *borrego*.

La teoría terminológica aquí esbozada puede resultar más coherente, exhaustiva y verificable que otras teorías, en las cuales el estatuto del "concepto" depende de concepciones ontológicas, lógicas y psicológicas insostenibles hoy en día. Su relación orgánica con la semántica lingüística ofrece la ventaja de que incorpora la terminología a los temas centrales de la lingüística y, en consecuencia, rompe la frontera artificial entre lingüística teórica y lingüística aplicada, facilitando nuestra comprensión de ese complejo mecanismo de significación que es el lenguaje humano.

TÉRMINO Y CULTURA: HACIA UNA TEORÍA DEL TÉRMINO

Por "terminología" entendemos siempre: a) el conjunto de los signos especializados que utiliza una disciplina del conocimiento (por ejemplo, terminología de la química, de la botánica, del psicoanálisis, de la lingüística) o de la actividad humana conocedora de cierta clase de trabajo (por ejemplo, terminología de la agricultura, de la confección de prendas de vestir, del manejo de un aserradero) y b) estudio lingüístico (científico) de esos signos especializados. Como siempre es posible confundirse entre esos dos significados del vocablo "terminología", nos vemos forzados a precisar cuál de ellos es el que utilizamos en cada texto específico. En este artículo sólo usaré el significado (b) de "terminología"; es decir, entenderé por "terminología" el estudio lingüístico de los signos especializados. En cambio, hablaré de "término" y de "vocabulario especializado" cada vez que quiera referirme, respectivamente, a un signo lingüístico utilizado por una disciplina especializada y a cualquier conjunto particular de esa clase de signos, aunque en muchos casos no se trate de palabras, sino de signos complejos, de carácter sintagmático.

Cultura y universalidad

Es un hecho histórico que el término especializado sólo se objetivó como tal a partir del siglo XVIII, como parte del creciente espíritu científico y del desarrollo de las ciencias y las técnicas[1]. La existencia de conocimiento especializado en los oficios (por ejemplo, del cultivo de la seda, de la marinería, de las armas, de la laudería) o en las ciencias (por ejemplo, de la astronomía, de la medicina, de la farmacia), no implicaba necesariamente un interés reflexivo por los vocablos o las expresiones utilizados para hablar de él. Sólo cuando apareció entre los científicos y los enciclopedistas del siglo XVIII el estudio sistemático de la taxonomía natural y de los conceptos con que se comenzaban a organizar las ciencias modernas, los términos que vehiculaban tales conceptos merecieron atención, aun cuando su especificidad de signos lingüísticos haya sido siempre secundaria en relación con los conceptos, y probablemente concebida como un obstáculo inevitable, impuesto por la necesidad de

[1] Cf. Alain Rey, *La terminologie. Noms et notions*, P.U.F., París, 1979, p. 4.

hablar de los conceptos con la interferencia de las lenguas[2]. La *terminología* nació entonces como elaboración de jerarquías y de clasificaciones de conceptos, manifiestos con signos de cada lengua particular[3].

No es de extrañar, en consecuencia, que la "terminología" así concebida naciera con un sello de universalidad. Las cosas se miraban como evidencias para todo ser humano, independientemente de las lenguas o las culturas particulares; y los conceptos por su parte, se concebían como fenómenos característicos del espíritu, independientes de las peculiaridades de cada ser humano y de las lenguas con que los manifestaran.

Todavía hoy debemos tomar en consideración que la ciencia se sigue considerando un conocimiento universal de las cosas, correspondiente al ser hu-

[2] No se puede olvidar que la reflexión sobre la lengua comenzó desde la Antigüedad grecolatina en la ontología y en la lógica, en donde por primera vez se formuló una "teoría del signo" que no dejaba de ser, en realidad, una teoría del concepto manifiesto secundariamente por el signo. Tal concepción del signo sigue dominando en buena parte del pensamiento semántico. Cf. *supra*, pp. 49 y *ss*. "Por una nueva teoría del signo".

[3] Habría de ser, en cambio, la lexicografía de los siglos XVIII y XIX la que, con afán enciclopedista e impulsada por la competencia editorial para aumentar las nomenclaturas de los diccionarios, tomara en consideración los vocablos especializados de las ciencias y de las técnicas para incluirlos en los diccionarios de lengua (cf. Rey, *op. cit.* y mi *Teoría del diccionario monolingüe*, cap. 1, § 4.2).

mano, "al Hombre", en cuanto tal, que no admite relatividad alguna. Las técnicas o más precisamente la tecnología, por su parte, obedecen también a esa otra universalidad que es la "civilización", de la que ningún pueblo de la Tierra puede sustraerse a estas alturas. El carácter universal de la *terminología*, que defienden varias escuelas terminológicas, tiene, en consecuencia, una raigambre que no se puede soslayar y que hay que tomar en consideración cuando se busca construir una "teoría del término especializado" coherente y empíricamente demostrable.

Cultura y relatividad

La "cultura", por el contrario, se ha concebido siempre a partir del acervo literario de los pueblos de Occidente, orientados a la conservación de las grandes obras grecolatinas y a su emulación por las obras literarias en las lenguas modernas. En la medida en que la cultura se ha concebido de esa manera, es natural que las lenguas particulares se piensen más relacionadas con la literatura que con el conocimiento del mundo real y, por lo tanto, que la terminología no forme parte de los intereses tradicionales de la educación literaria, de la filología o de la lingüística.

Con la invención de la antropología, una ciencia dedicada al conocimiento de los rasgos específicos de la vida de cada comunidad humana, la concepción de la "cultura" se amplió al conjunto de las obras materiales y espirituales de los pueblos de la Tierra, y más recientemente a todo comportamiento idiosincrásico de cualquier grupo humano (por eso se puede hablar hoy, tanto de la "cultura maya" y de las "culturas aborígenes americanas", como también de las "culturas homosexuales" o de "la cultura punk"). La idea de "cultura", ya sea literaria o antropológica, en consecuencia, es una idea de lo particular, diametralmente opuesta a la de la universalidad de la ciencia y de la civilización.

Una teoría del término que sirva de sustento a la terminología como estudio de los términos especializados y como práctica de la elaboración de vocabularios especializados necesita, en consecuencia, situarse en el campo delimitado por las oposiciones entre universalidad y particularidad, entre ciencia (y tecnología) y cultura, entre "concepto" y "signo". Para hacerlo, hay que desligarse cuidadosamente de las reivindicaciones de la relatividad cultural del conocimiento humano que defienden muchos antropólogos y lingüistas, educados en la tradición culturalista, con el objeto de no despertar desde el comienzo el antagonismo de los defensores de la cientificidad universal e impedir una argumentación orientada a razonar teóricamente las relaciones entre terminología y cultura. Pero a la vez hay que poner en duda el sustento tradicional de la terminología, basado en concepciones ontológicas anteriores a la lingüística saussureana, en las que el signo lingüístico casi resulta "invisible" y, por lo tanto, eliminable.

Vocabulario especializado y cultura

La manera de lograrlo es retraerse a las fuentes del conocimiento verbal, es decir, al origen ontogenético del conocimiento humano como experiencia de cada individuo y al papel que juega en ese conocimiento la facultad del lenguaje. Esas fuentes deben encontrarse en una necesaria *teoría de la significación*, pues de lo que se trata, en el fondo, es de la manera en que los seres humanos conciben el mundo real, lo experimentan y aplican a él su facultad de hablar para distinguirlo, para definirlo y hacer comunicable esa experiencia.

Digo *teoría de la significación* y no *teoría semántica* o *de la semántica de las lenguas naturales*, porque su lugar está en el estudio del fenómeno primario de aprehender el mundo real y su experiencia, antes —epistemológicamente hablando— de que lo convirtamos en *sustancia del contenido*[4] de cada lengua particular, y antes, naturalmente, de que formulemos un sistema de descubrimiento del significado

[4] Debe ser claro que los términos técnicos lingüísticos que aquí utilizaré provienen de la obra clásica de Louis Hjelmslev, *Prolegómenos a una teoría del lenguaje*.

de las lenguas, así como un conjunto de algoritmos que expliquen la manera en que la significación se manifiesta en una sintaxis.

La *teoría de la significación*, que está por hacer, pero a propósito de la cual ya se pueden enunciar varias hipótesis, necesita ser una *teoría pragmática y cognoscitivista*: es decir, necesita considerar el fenómeno de la significación desde el punto de vista de cómo se aprehende el mundo real y se lo experimenta para poderlo comunicar a los demás seres humanos[5]. En esa medida, sus hipótesis de partida son de carácter cognoscitivo y privilegian la aprehensión de los hechos del mundo, tanto en cuanto objetos como en cuanto acciones humanas sobre ellos o con ellos.

La complejidad de la aprehensión

Una observación detenida de la actividad humana nos puede demostrar que la mayor parte de la actividad verbal de los seres humanos se destina a la identificación de objetos y de acciones. Por ejemplo, cuando el niño pequeño dice "leche", aunque pueda corresponder al acontecimiento complejo de sentir hambre, llamar la atención de su madre, pedir alimento, mirar la botella en que se la sirven, reconocer su contenido, beberla, saborearla y darse por satisfecho después de

[5] Véanse los dos primeros artículos de este libro.

beberla, los adultos que lo rodean tienden a interpretar su dicho, ante todo, como una *identificación* primero, y luego como una *denominación* del objeto "leche", un objeto socialmente reconocido como alimento característico de los niños, de color blancuzco, un poco espeso y de sabor ligeramente dulzón. Los adultos actúan ante la emisión de la palabra "leche" por el niño: le ponen atención a su pedido, entienden que tenga hambre, sirven la leche en la botella, se la dan al niño e incluso le hacen caricias mientras la bebe. En el diálogo del adulto y el niño en donde la emisión "leche" ocupa un lugar central, uno y otro se han comunicado y han dado por satisfechas sus acciones. Sólo que el niño todavía está distante de la identificación aislada de la leche y la palabra "leche": para él *toda* la acción que la envuelve es igualmente significativa y no sabe todavía que el adulto reacciona a su emisión como si sólo estuviera designando al objeto. Niño y adulto descubren este entendimiento parcial a lo largo de otras acciones: si el niño ve, por ejemplo, una botella vacía dirá "leche", pero el adulto lo corregirá diciéndole: "no, no es leche, es una botella"; si el niño ve que alguien bebe agua y dice "leche", lo corregirán diciéndole "no, no es leche, es agua". A lo largo de los meses el niño irá llegando a comprender que los adultos nombran o denominan objetos, e irá abstrayendo esos nombres del contexto de actividad compleja en que suelen aparecer, hasta llegar a realizar él mismo acciones de denominación iguales a las de sus mayores.

Una teoría de la significación debe comenzar por comprender precisamente ese fenómeno de la referencia verbal a los objetos aprehendidos o a las acciones experimentadas por cada ser humano, antes de pasar a explicar el significado de cada signo aislado. Las ideas preconcebidas en que se basa la concepción ingenua del vocabulario especializado como catálogo de etiquetas con que se denominan cosas o conceptos previamente existentes fallan porque no dan lugar a plantearse en su verdadera complejidad el fenómeno de la significación, del que la denominación de objetos y conceptos es una modalidad particular.

Si la experiencia de las cosas y de las acciones es compleja de suyo, quizá lo sea más la capacidad de significar de un ser humano: si consideramos el ilimitado número de sinapsis que se pueden producir en la corteza cerebral de cada ser humano a partir de los múltiples estímulos sensoriales que recibe; si consideramos que esos estímulos dependen también de las variadas maneras en que la realidad se presenta a cada persona, de acuerdo con sus acciones, con el entorno humano y natural en que se producen, y con su memoria de acciones pasadas; y si consideramos que ese número es totalmente aleatorio en comparación con lo que sucede en cada uno de los demás seres humanos, resulta, en primer lugar, que no hay identificaciones de objetos o de experiencias aisladas que sean iguales al menos para dos individuos, que produzcan "conceptos" idénticos en la mente (mucho menos que haya "conceptos" pre-existentes a la experiencia del individuo, innatos en su espíritu); en segundo lugar, que es muy posible que los "conceptos" claros y distintos —para hablar como Leibniz— no se produzcan en la mente con total independencia de la experiencia verbal, sino, por el contrario, que sea la lengua misma la que determina su formación o su elaboración. No hay, por ello, lugar a suponer isomorfismo alguno entre las características de la experiencia de cada objeto o de cada acción en los seres humanos y la manera en que esa experiencia se verbaliza. Por eso no es teóricamente conveniente pensar, por un lado, que el único isomorfismo posible entre los objetos y su experiencia se tendría que dar en el plano de los conceptos[6], antes del lenguaje; por el otro, que haya una justificación real para la desconfianza en las posibilidades de expresión de las lenguas (una desconfianza que es un tópico tradicional, tanto del pensamiento literario, como de la actitud científica no lingüística frente a ellas). Una verdadera teoría del lenguaje, de la que forma parte central la teoría de la significación, debe desprenderse de esas especulaciones y explorar la manifestación verbal de la experiencia humana en su verdadera realidad fenoménica.

[6] Una idea claramente identificable en el pensamiento de la semántica medieval, desde San Agustín, y conservada en muchos lingüistas modernos.

DE LA APREHENSIÓN AL SIGNIFICADO

De acuerdo con lo anterior se puede proponer una serie de elementos de carácter biológico y social a partir de los cuales se construye el signo lingüístico, *todo* signo lingüístico, incluso el término especializado, y que son los que permiten dar el lugar que les corresponde a la dimensión universal del conocimiento humano y a la dimensión cultural que lo arraiga en una realidad histórica.

Propongamos la hipótesis de que la significación de un objeto o de una acción consiste: a) de un *aspecto perceptivo*, de carácter universal, en cuanto característico de las facultades biológicas (neurales, perceptivas y cognoscitivas) del ser humano, pero también individual en principio en cuanto da lugar a una ilimitada variedad de sinapsis en la corteza cerebral de cada persona; y b) de un *aspecto social*, derivado del hecho primario de que la significación se produce en el diálogo concreto, en acciones concretas en las que participan el individuo y los demás seres humanos que lo rodean, quienes delimitan el horizonte de inteligibilidad de sus expresiones verbales, y no como parte de un "lenguaje privado" del individuo (una concepción muy característica del solipsismo científico angloamericano, tanto de Chomsky como de Searle).

La investigación del aspecto perceptivo de la significación supera el ámbito de la terminología y aun de la lingüística, y corresponde más bien a la psicolingüística experimental. La investigación del aspecto social de la significación forma parte de la lingüística desde hace mucho tiempo, al menos desde que se acuñó el término "semántica" a finales del siglo XIX y se manifiesta en muchas de sus disciplinas, como la teoría del discurso, la lexicografía, la pragmática y una parte de la sociolingüística. Ambas investigaciones deben reunirse en la teoría de la significación y encontrar en ella su punto de unión y la sistemática científica necesaria.

La construcción del significado

Propongo distinguir, derivados de esos dos aspectos, cuatro estratos del significado que nos permitan situar el carácter cultural y universal del término especializado:

a) El estrato de la formación de prototipos.
b) El estrato de la formación de estereotipos.
c) El estrato de la formación del significado verbal.
d) El estrato de la delimitación del significado especializado.

Formación de prototipos

Para delimitar el primer estrato hay que partir de la existencia de una capacidad biológica que permite al ser humano darse cuenta del mundo que lo rodea y de sus experiencias mediante sus sentidos y su cerebro. Su investigación sin embargo, es difícil, por la naturaleza de los sentidos y del cerebro. Los antecedentes científicos más importantes de este aspecto, que es perceptivo y cognoscitivo, se deben a la llamada "teoría de la Gestalt", que fructificó en los años anteriores a la 2a. Guerra Mundial, particularmente en Alemania[7], pero que logró interesar también a la fenomenología de la época[8]. Recientemente, la investigación más interesante fue la que condujo la psicóloga experimental angloamericana Eleanor Rosch, reseñada en el artículo anteriormente incluido, "Prototipo, estereotipo y significado".

La importancia de la tesis del prototipo para el tema que nos interesa consiste, primero, en que el prototipo tiene una base perceptiva y fisiológica, que en cuanto característica del ser humano resulta universal; segundo, en que el prototipo podría ser el

[7] Véanse los trabajos ya clásicos de K. Duncker, *Zur Psychologie des produktiven Denkens*, Berlín, 1935, y M. Weitheimer, *Produktives Denken*, Frankfurt, 1957.

[8] Cf. especialmente la *Phénoménologie de la perception*, de Maurice Merleau-Ponty, Gallimard, París, 1945.

primero de un conjunto de instrumentos cognoscitivos del ser humano cuya función es doble: son instrumentos de objetivación e identificación de la experiencia del mundo y crean unidades de memoria de esa experiencia identificada.

Pero no hay que olvidar que el prototipo es un esquema abstracto, de carácter físico-fisiológico, que no equivale al "concepto" tal como lo entendemos en filosofía y en terminología. Es decir, el prototipo de un objeto de conocimiento no es una imagen o una representación completa, sino solamente un esquema formado por un conjunto de atributos del objeto discernidos por los sentidos, cuya identidad en la mente no se conoce directamente, sino sólo a través de los experimentos realizados. De manera que no puede constituir una base sólida para una apresurada confirmación de los puntos de vista de las doctrinas terminológicas "conceptualistas" al estilo de Eugen Wüster[9]. Se puede decir que en el fondo de muchos signos lingüísticos hay un prototipo perceptivo, pero

[9] Llamadas también "onomasiológicas", en las que supuestamente se puede estructurar un vocabulario especializado a partir de una estructura conceptual previa y universal, como lo pretendía Eugen Wüster en su *Einführung in die allgemeine Terminologielehre und terminologische Lexikographie*, Copenhagen School of Economics, 1985. Cf. también Ma. Teresa Cabré, *Terminologia. Selecció de textos d'E. Wüster*, Universitat de Barcelona, Barcelona, 1996.

que el signo no es general y simplemente un nombre del prototipo reconocido[10].

FORMACIÓN DE ESTEREOTIPOS

Aunque el estrato perceptivo constituye la base de la construcción del significado, y hemos de separarlo en la experimentación para poderlo reconocer, la realidad es que la percepción nunca opera en aislamiento y sin contexto, sino en relación con otros objetos, y con el mundo social en que se desenvuelve el ser humano. Este hecho nos conduce a caracterizar el segundo estrato, el de la formación del estereotipo.

La percepción no se da nunca en pureza, en una especie de tabla rasa sensorial, sino mediada y orientada por la actividad humana en sociedad. Es esa actividad la que, ante todo, destaca un objeto a la

[10] Tampoco podemos suponer que haya un prototipo en el fondo de todos los signos lingüísticos. Lo habrá cuando se trata de varias clases de acciones y movimientos, como la caída, el desplazamiento de un ave, el disparo de una bala, el reptar, etc., así como de varios objetos, como los animales, muchas plantas, muchos artefactos, etc. y de varias posiciones espaciales, como la altura, la horizontalidad, etc. En cambio, quizá no los haya de signos cuyo significado se elabora directamente a partir del discurso racional, como el filosófico, el literario, el científico y el tecnológico. Véase mi *Teoría del diccionario monolingüe*, cap. 5, § 2.2.2.

percepción de una persona, entre muchos otros semejantes o que simplemente lo rodean. Es decir, la percepción se ve siempre dirigida por otra persona o, más en general, por los intereses de la comunidad en que vive. Por ejemplo, los movimientos furtivos de un ratón al introducirse a una casa por un agujero, de una serpiente entre las piedras, de un ladrón en una casa, o de un oyente aburrido saliendo a hurtadillas de una sala de conciertos no se verbalizan hasta que la sociedad encuentra algún interés en ellos. En inglés, estos movimientos pueden expresarse mediante el verbo *sneak*, que significa 'moverse callada y furtivamente'; es decir, el verbo inglés tiene como principales elementos de su significado lo callado y furtivo del movimiento, mientras que el movimiento en sí no representa interés alguno; en español, en cambio, no hay un verbo que cubra todos los movimientos callados y furtivos; *penetrar*, *introducirse*, *infiltrarse*, *inmiscuirse* y *escabullirse* caracterizan el movimiento hacia el interior o el exterior de algo; *penetrar* e *infiltrarse* significan la forma de entrar algo o alguien en un objeto y la densidad del objeto; *inmiscuirse* significa entrar en algún conflicto o discusión entre personas, sin que le concierna a quien lo hace; y solamente *escabullirse* nos sirve para significar lo furtivo del movimiento de salida. ¿Por qué las lenguas inglesa y castellana difieren de esa manera y optan por significar diferentes elementos de esos movimientos? La respuesta se pierde en la oscuridad de las experiencias históricas de ambas comunidades lingüísticas, pero lo cierto es que, si hay un prototipo del movimiento mismo, éste resulta muy secundario en relación con el significado formado en la historia de la sociedad, cuyos resortes desconocemos. En ese fenómeno característico de todas las lenguas reales del mundo, que consiste en significar diferentes elementos de una acción o un objeto, es en donde se nota el cuño verdadero de la cultura, sobre lo que se hablará más adelante.

Lo mismo se puede decir en relación con los colores: el azul y el verde son colores focales, de acuerdo con los experimentos de Berlin, Kay y Rosch. En catalán, español, inglés, francés y muchas otras lenguas, tienen nombres correspondientes. En griego y en tzeltal el mismo vocablo significa azul y verde. ¿Por qué en estas dos lenguas hay un solo nombre para ambas saturaciones juntas? Los griegos, como los tzeltales, *perciben* con claridad la distinción entre los dos colores, pero los *nombran* con la misma palabra. Es probable que sea efecto de la experiencia social y, en tal caso, la objetivación de los objetos no es inherente y exclusiva de sus relieves y de nuestro aparato perceptivo, sino intrínseca a la vida social. La tensión entre la capacidad humana universal de conocer u objetivar cosas y la pertinencia que tenga ese conocimiento en un momento o en un período determinado de la historia de una comunidad lingüística es la que realmente produce el conocimiento, pero no un conocimiento solipsista y de "la cosa en sí", sino un conocimiento valioso para la comunidad, o para su participación en los esfuerzos universales por conocer *mejor* el mundo que experimentan.

En ese sentido va la noción que compite contemporáneamente con la del prototipo: la de *estereotipo*, propuesta por el filósofo Hilary Putnam[11]. Un estereotipo es, según propone Putnam, la comprensión general que tienen los miembros de una comunidad lingüística acerca de los objetos que les interesan (cf. mi desarrollo en *Teoría del diccionario monolingüe*, cap. 5). Por ejemplo, en las sociedades urbanas occidentales, el lobo se concibe como un animal salvaje, parecido al perro, de gran ferocidad, que vive en los bosques fríos o en los páramos de las altas montañas y que ataca los rebaños de ovejas (el coyote, en América del norte, los gallineros). Para mucha gente es muy difícil distinguir un lobo de un coyote y de un perro pastor alemán sólo por su relieve físico; lo que los distingue es su salvajismo, el hábitat en que moran y los daños que causan a los pueblos de pastores o de avicultores; esos elementos de comprensión del lobo y el coyote tienen una determinación social: la experiencia de la comunidad lingüística con su existencia y su comportamiento. De ellos se forma, entonces, un *estereotipo*. Es ese estereotipo el que diri-

[11] En *Mind, Language and Reality. Philosophical Papers*, Cambridge University Press, Cambridge, t. II, 1975.

ge la comprensión social del lobo y el coyote, y de su peligrosidad, y es el que transmiten las leyendas, los cuentos infantiles y muchas frases proverbiales y locuciones, como *meterse en la boca del lobo*, *ser alguien un lobo con piel de oveja*, *echar algo o a alguien a los lobos*, etcétera.

Así vistos, prototipo y estereotipo no son nociones concurrentes del mismo fenómeno, sino estratos distintos de la formación del significado. Si el prototipo es un hecho físico-fisiológico producto de la percepción, el estereotipo es el hecho social del conocimiento. El estereotípico es por eso un estrato importante del significado de los signos lingüísticos, que se puede apoyar en los datos de la percepción que forman el prototipo, pero diferente de él. Para Putnam tiene el valor de permitir la mutua inteligibilidad entre los miembros de una sociedad, independientemente de sus diferencias profesionales; son estereotípicos muchos de los significados de signos que se utilizan, por ejemplo, en el discurso especializado. "Agua", "oro", "electricidad" y, podríamos agregar, "agujero negro", "sol", y hasta "láser" son vocablos cuyo significado es comprensible para todos los miembros de la sociedad, incluidos los especialistas, gracias a su carácter estereotípico. Eso no quiere decir que el significado de todos los vocablos sea estereotípico, ni que una vez creado el estereotipo, el significado de esos vocablos sea fijo o inmodificable. La base del significado de muchos vocablos es un estereotipo, pero ya se verá en adelante que hay un estrato más sobrepuesto a él y, en cuanto al término especializado, dos estratos más. Por ejemplo, nuestro estereotipo de las estrellas se opone al que tenemos de un sol. Sin embargo, el conocimiento científico avanzó ya como para asegurarnos, primero, que entre los cuerpos celestes que brillan de noche, hay cuerpos con energía propia —las estrellas—, y otros que solamente reflejan la luz —los planetas, los satélites, los cometas, los asteroides—; segundo, que todos los cuerpos con energía propia son soles. Es decir, muchas estrellas son soles. Los estereotipos tradicionales del sol y las estrellas entran en colisión con el conocimiento científico de los astros y, en consecuencia, tienen una validez o una verdad temporalmente determinadas. Los significados de nuestras palabras *sol* y *estrella* siguen al estereotipo; la ciencia los limita en una dirección objetivante.

Formación del significado verbal

Ya se veía, en los ejemplos de *sneak*, *introducirse*, *penetrar*, *infiltrarse* y *escabullirse* que no es posible fundamentar la existencia de prototipos en el significado de estos vocablos (excepto, probablemente, el reconocimiento del movimiento). Se puede hipotetizar, en cambio, que su significado procede de la experiencia social de esos comportamientos.

Que tal experiencia se vincula en los datos de la percepción, no hay duda; pero ciertamente esas acciones no tienen relieves perceptibles idénticos para todos los seres humanos, pues si los hubiera no sería posible la disparidad de significados entre ingl. *sneak* y los vocablos españoles equiparables (lo mismo se puede decir en cuanto a la supuesta preexistencia de los "conceptos"; si la hubiera, o bien los hispanohablantes o bien los anglohablantes o todos experimentarían una incómoda inadecuación de sus propias lenguas con sus "conceptos" tan clara y específicamente delimitados en su percepción o en su conciencia[12]).

No queda otro camino, en consecuencia, que valorar el papel de la experiencia social en la formación del significado. En los datos que ofrece la investigación etimológica, que suele encontrar remotas fuentes indoeuropeas, prerrománicas, latinas, árabes, etc. en la historia antigua de las palabras (hablando solamente de las lenguas iberorromances), hay que reconocer sobre todo sus explicaciones de las variadas

[12] Cuando uno traduce de una lengua a otra experimenta esa "inadecuación", pero hay que reconocer que es un efecto aparente, creado por el contraste entre las dos lenguas, y visto siempre desde una de ellas, a la que tácitamente se toma como punto de referencia; dicho de otra manera: no hay un "concepto" que se traduce de una lengua a la otra; hay un significado de la primera, que se quiere traducir a la segunda. Las diferencias existen, pero no son del orden de los "conceptos" preverbales sino de los significados verbales.

maneras en que los significados de esas palabras se ligan con formas sociales y tradiciones igualmente antiguas[13].

El efecto de esa vida social sobre los signos es precisamente un efecto cultural; es decir, es resultado de un cultivo de los signos, que selecciona sus usos y precisa sus matices para hacer de ellos instrumentos expresivos adecuados a sus necesidades y sus valores. En el ejemplar estudio de Émile Benveniste sobre *Le vocabulaire des institutions indo-européennes* (I, pp. 65-86) que, en un sentido, es un estudio terminológico, se considera el caso de la raíz indoeuropea **do-* 'dar'; de ella se derivaron cuatro formas nominales en griego clásico: *dós* 'lo dado, don', que no dio lugar a usos especializados; *doreá*, que se instituye como el dar dones, repartirlos, y los dones o regalos mismos; *dósis*, que es la promesa de dar un don y se convierte en término jurídico para el acto de donar algo, e incluso también en el modo de hacerlo y su cantidad (hoy, en español, una *dosis* es el modo de administrar un medicamento y la cantidad que debe administrarse); y *dotine* que es dotar de algo y la dotación, que se vuelven términos contractuales. El esquema cognoscitivo del 'dar', consistente en hacer

[13] Por ejemplo en *Le vocabulaire des institutions indo-européennes*, de Émile Benveniste o en los *Exempla romanischer Wortgeschichte*, de Fritz Schalk (Klostermann, Frankfurt, 1966).

pasar algo del dominio de un actante al de otro[14], que incluso el biólogo-matemático René Thom cree poder explicar mediante uno de sus arquetipos morfológicos[15], es incapaz por sí mismo de dar lugar a esas cuidadosas elaboraciones nominales del griego para distinguir diferentes dones o regalos y diferentes actos de valor jurídico; y mientras para la inteligibilidad social del griego bastaba probablemente la forma *dos*, ella misma no alcanzaba para hacer las distinciones necesarias a sus pensadores y sus juristas (desde Homero hasta Herodoto). Esas formas nominales, explicadas por Benveniste de una manera tan interesante, sólo son producto de la cultura: de la búsqueda verbal de una sociedad interesada en hacer de su lengua un instrumento de precisión. El significado de una lengua histórica alcanza así su real complejidad, más allá del prototipo (cuando lo haya) y del estereotipo (cuando se forme). El tercer estrato de formación del significado es, en consecuencia, un estrato de la cultura[16].

[14] Véanse mis comentarios lexicográficos sobre las definiciones de *dar* en español, en *Teoría del diccionario monolingüe*, cap. 5, § 3.3.3.

[15] En su famoso *Stabilité structurelle et morphogénèse*, Interéditions, París, 1977, p. 307.

[16] Estas diferencias también tienen su manifestación en el análisis semántico y, consecuentemente, en la teoría semántica. Para el estructuralismo, el único análisis posible es de rasgos significativos pertinentes y mínimos (semas) de carácter inmanente

La formación del significado especializado

Es razonable suponer que la elaboración cultural del significado de los vocablos se produce por la acción de varios de los miembros de una sociedad y de manera heterogénea: hay áreas de la actividad humana que requieren mayor distinción verbal que otras, por diferentes necesidades: económicas, políticas, jurídicas, etc. Es la división social del trabajo la que impulsa la distinción y la precisión de los significados de las palabras. Así por ejemplo, desde el momento en que se comienza a cultivar la tierra y el género humano se da cuenta de la importancia de las estaciones del año, de la selección de la semilla, de las diferencias de fertilidad en los terrenos, de la conveniencia de variar la forma de los instrumentos de labranza se-

---

al sistema lingüístico, por lo que los estratos perceptivo y estereotípico quedan fuera de toda posible consideración, como se puede ver en la obra de Eugenio Coseriu, por ejemplo en su artículo "Semántica estructural y semántica «cognitiva»", en *Jornadas de filología. Homenaje a Francisco Marsá*, Universidad de Barcelona, 1990, pp. 239-282. En el estructuralismo se toman las condiciones de método del análisis como realidad del significado, un efecto claro de su epistemología. Para varios "cognitivistas", como Dirk Geeraerts, Ronald Langacker y John R. Taylor, citados en la bibliografía, la "realidad" del significado es el referente mismo, lo que hace de la noción de significado un sinsentido, otro tanto de la semántica estructuralista, y de su teoría semántica una psicología especulativa de la percepción, ya que no se interesa por una experimentación cada vez más imprescindible.

gún la tarea agrícola, etc. aparece un conocimiento especializado, que suele dejar de compartir toda la comunidad, dedicada a otras labores. Es el caso del vocabulario quechua de la agricultura, en el que las denominaciones para diferencias de terreno son extremadamente importantes, según se observa en el *Vocabulario razonado de la actividad agraria andina. Terminología agraria quechua*[17].

Para los quechuas, el terreno cultivable se distingue, entre otros rasgos, por su composición: arenoso (*aqu-allpa* y *qhapya*), cenizo (*chhallqu*, *chhaqru*), cenizo pero con consistencia arenosa (*uchpha-allpa* y *utrpa-allpa*), arcilloso (*ch'alla-allpa*, *k'inku*), barroso (*k'uyukuy*), húmedo y arenoso (*laama-allpa*), arenoso y limoso (*qawna-allpa*), acuoso-arenoso (*unu-aqu*), etc. Tales distinciones de densidad, aglomeración de las partículas del terreno y cantidad de agua pueden reflejar un trato largamente experimentado con esa clase de tierras, en comparación con otras más rocosas (*chillu-allpa*, solamente) y con las salitrosas (*qullpa-allpa*). La tierra que ya ha sido cultivada se clasifica a su vez, en cuanto a su composición (que más parece aspecto exterior), en abonada (*qhilla-allpa* y *wanu-allpa* o *wanusqa-allpa*) y con rastrojo (*qhanuna*) o con el rastrojo característico de la cose-

[17] De Enrique Ballón Aguirre, R. Cerrón Palomino y E. Chambi Apaza, Monumenta linguistica andina, Cusco, 1992, pp. 227-230.

cha de papa: *shikil* y *wapa*. Se puede formular la hipótesis de que tal especialización en la designación de la composición del terreno obedece a la experiencia histórica de los agricultores quechuas, que se han visto en la necesidad de crear esas distinciones.

Las palabras utilizadas para hacerlas son del quechua, con un significado que cualquier hablante, aunque no sea agricultor, puede entender, aunque quizá sin reconocer la importancia de sus distinciones para el agricultor. El significado de los vocablos, que alcanza una precisión determinada en la inteligibilidad social, comienza a especializarse para ciertos miembros de la sociedad, pero ya no para todos. En ese sentido el vocabulario especializado de la agricultura quechua es de esa clase de vocabularios con los que trabaja el terminólogo contemporáneo.

¿Qué distingue este vocabulario del que se consideraría hoy en día como totalmente especializado? Comparémoslo ahora con uno de éstos, el del psicoanálisis moderno: en ambos casos la especialización se logra sobre la base del acervo de significados de la lengua ordinaria. *Pulsión*, un vocablo de importancia central a la teoría freudiana, toma su valor significativo del acervo histórico de la lengua. *Trieb*, que es el vocablo alemán utilizado por Freud para nombrar ese impulso o empuje irresistible hacia la realización de cierto fin, tiene un aura significativa común con los motores mecánicos; *pulsión*, que es como se tradujo al francés primero, y luego al español (cf. el diccionario de Laplanche y Pontalis, *s.v.*[18]) no orienta hacia el empuje mecánico de un motor, sino al impulso vegetativo del cuerpo humano, imparable e irresistible, pero con un matiz de iteración (*pulso*) que no tiene el vocablo alemán. La dificultad de traducción, que resulta generalmente insuperable, revela la dimensión profunda de la cultura. Freud, como se sabe bien, explotaba los valores significativos de su lengua alemana para producir un sentido preciso en sus textos; pero desde el momento en que se tuvo que traducir a otras lenguas porque varios de sus vocablos nombraban conceptos nuevos, producidos por la teoría psicoanalítica, la pura reproducción del sentido se vio en la necesidad de delimitar significados: el *vocablo* se volvió *término técnico*, pero siempre sobre la base de su significado ordinario, lo cual quiere decir que el término técnico no es una elaboración verbal ajena a los procesos de significación de las lenguas ordinarias y, en esa medida, resulta imposible enajenárselo a la cultura (más abajo se tratarán varias excepciones). El vocabulario quechua de la agricultura se construyó de la misma manera, pero lo que lo distingue del psicoanálisis es la pretensión universalista de la ciencia occidental, en tanto que el del quechua se mantendrá como propio de una especie de "etnoter-

[18] *Diccionario de psicoanálisis*, Labor, Barcelona, 1979 (primera edición en francés, 1968).

minología"[19] mientras no atraiga el interés especializado moderno.

Puesto que no hay lugar a sostener la idea de que los "conceptos" claros y distintos preexisten a los significados de las lenguas, pues el caso del quechua muestra que un "campo conceptual" se forja mediante diversas distinciones que no son previamente calculables, hay que concluir en que el término especializado es un signo con todas las propiedades de los signos lingüísticos, y sólo distinto de los de la lengua ordinaria por un interés específico: su articulación con teorías científicas, catálogos de comercio o de bodega, etcétera.

El caso del vocabulario especializado del psicoanálisis ilustra bien lo que sucede con la mayor parte de los términos especializados: por más que se delimiten y se fijen teóricamente, acarrean una carga cultural innegable. No nos cuesta trabajo aceptar que hay manifestación de la cultura quechua en la denominación de sus terrenos; la antropología y la lingüística contemporáneas de inmediato lo reconocen como carácter etnológico de ese pueblo. Sin embargo, vemos que se trata del mismo fenómeno en una

[19] Desgraciadamente el prefijo *etno-*, salvo en vocablos como *etnografía*, se utiliza mucho entre antropólogos y lingüistas para calificar el exotismo de los signos o de las formas de conocimiento de las culturas no occidentales, sin reconocer que todas las culturas son singulares y no sólo las ajenas, con lo que se tiende a producir una distinción racista. Por eso entrecomillo la palabra.

lengua como el alemán, casi "paradigma de lo universal", exageraría Heidegger. *La pequeña diferencia entre el vocabulario especializado quechua de la agricultura y el vocabulario especializado del psicoanálisis es un fenómeno exterior al acto ordinario de significación: la aparición de una teoría, que redefine los significados de sus vocablos para delimitar mejor sus conceptos.* El vocabulario quechua de la agricultura podría convertirse en una colección de términos (una terminología, en el sentido que he venido obviando) cuando apareciera un interés externo: la definición de impuestos al uso de la tierra en el Perú, Bolivia o el norte de Argentina, la aprobación de una ley agraria, la fabricación industrial de instrumentos de labranza, etcétera.

La creación de términos especializados no es entonces muy diferente de la formación común de los vocablos: en el segundo caso, el vocablo se forma en el interior de la comunidad lingüística como efecto de la división social del trabajo, y como resultado de intereses históricos de la comunidad, por lo que está siempre definido en un contexto cultural. En el primero, el término especializado se forma por impulsos tecnológicos, comerciales o científicos cuando se presenta la necesidad de delimitar con total precisión los objetos (las taxonomías biológicas, geológicas y químicas, así como los catálogos de instrumentos: sierras, cuchillos, tornillos, martillos, etc.), o los conceptos de una teoría, un método o un procedimiento.

El aspecto cultural del significado corriente del término cede al universalismo de la teoría y éste niega esa liga cultural, que algunos científicos llegan a concebir como un verdadero lastre.

De ahí que, en efecto, parezca que los términos especializados no tengan carácter cultural, puesto que, al delimitar sus significados, el acto de denominación abstrae los valores culturales de los significados de sus vocablos. Pero veremos que tal abstracción se cumple raramente y con otros efectos.

Se puede entonces proponer la siguiente definición:

Un vocablo, al menos uno de cuyos significados se delimita en relación con un conocimiento especializado, es un término.

La construcción del término especializado

El término se construye, en consecuencia, mediante un procedimiento de abstracción —como en el caso de *trauma* del psicoanálisis, o de *supercuerda* y *agujero negro*, en la cosmología actual— sobre la base de uno de sus significados ordinarios (es decir, producto de la cultura), por construcción neológica, ya sea en el plano de la expresión o en el plano del contenido o, de manera más inquietante para la teoría de la significación, por total arbitrio y convención.

ABSTRACCIÓN DEL SIGNIFICADO ORDINARIO

El procedimiento más común en todas las ciencias y las técnicas es el de abstracción sobre la base de uno de los significados ordinarios del vocablo. Los ejemplos tomados del psicoanálisis son claros en este sentido, gracias a la relativa juventud de esa disciplina. El mismo procedimiento nos lo muestra el vocabulario especializado de la computación electrónica: los *chips*, el *software*, los *buffers*, o los *mouses* son términos de la computación creados a partir de los vocablos ordinarios del inglés que quieren decir, respectivamente, *lascas* o *migajas*, *herramienta ligera* (siempre en contraposición con *hardware* 'herramienta'), *amortiguador* o *alivio* y *ratón*[20]. Pero si consideramos la historia de la medicina, de la farmacología y de las taxonomías biológicas, se puede ver que también en sus vocabularios especializados hay voces impregna-

[20] No pretendo que los vocablos españoles sean necesariamente los términos equivalentes a los ingleses; salvo en el caso de *ratón*, que ha sido felizmente igualado en español sin perder sus propiedades ordinarias, todos los demás se han conservado como anglicismos, precisamente porque no hay traducción posible entre vocablos de lenguas diferentes, que forman parte de culturas diferentes. Las llamadas "ciencias y tecnologías de frontera o de punta", que en su gran mayoría nacen en países de lengua y cultura inglesa, son muestra fehaciente de que el término especializado se elabora a partir de cada cultura y su enajenación universalista no se completa casi nunca.

das de cultura. Por ejemplo, una planta, el *licopodio*, que da lugar a una familia en la taxonomía biológica, las *licopodiáceas*, es la hispanización del gr. *lycopodion*, que quiere decir 'piececito de lobo', evidentemente por la forma de sus hojas; el mosquito transmisor del paludismo, el *anofeles*, se consideró al principio un mosquito *inútil* (que es lo que quiere decir el gr. *anopheles*); las *bacterias* se nombraron así por el aspecto de bastoncitos que tienen muchas de ellas (del gr. *baktería* 'bastón').

Convención

Sin una motivación como las anteriores, la nomenclatura de los elementos químicos también ha sido elaborada sobre la base de la mitología clásica (*mercurio*, *helio*, *titanio*), de las propiedades reactivas de los elementos (*nitrógeno*, *oxígeno*, *hidrógeno*), o de los nombres de sus descubridores y sus países (*curio*, *mendelevio*, *francio*, *lutecio*, *rutenio*). Los diferentes actos de significación en que se impusieron nombres a los elementos químicos, cuya clasificación racional, sin embargo, se basa en pesos, números atómicos y valencias, fueron diferentes de aquellos en que se abstrae un significado ordinario de la lengua; la mayor parte de los elementos químicos se nombran arbitrariamente y sobre la base de convenciones explícitamente declaradas, pero no dejan de estar cargados de cultura.

Se puede decir que esa clase de carga cultural, que resulta evidente para los que formamos parte de la cultura occidental, no interviene en la significación posterior de sus nombres. En efecto, no hace falta saber los significados de los vocablos originarios para darse cuenta de las reminiscencias mitológicas o los homenajes a la historia de la ciencia para saber usar los nombres de la nomenclatura química. En principio daría lo mismo si se sustituyeran por números u otros símbolos, como los del Zodiaco para las constelaciones. Sin embargo, las reminiscencias históricas, en el vocabulario especializado de la química, o también en el de la biología y la medicina (*síndrome de Alzheimer*, *síndrome de Down*), dan a sus conocedores un contexto de referencia que puede resultarles útil desde el punto de vista histórico; quien toma esos vocabularios como estríctamente convencionales y arbitrarios puede ser un buen especialista y un buen técnico, pero sólo el conocimiento cultural que conllevan da transparencia y sentido al conocedor.

Arbitrio y convención

Pero aun en los casos más comunes de formación de términos, como los ilustrados antes, el conocimiento especializado busca siempre asegurar, de un lado, que el término se sustraiga a la polisemia y la evolución semántica naturales, para que pueda conservar el significado que requiere el conocimiento; del otro, que el término alcance una universalidad de uso, que lo haga válido en todas las comunidades de especialistas. Lo primero se enuncia como *principio de biunivocidad* de la relación término/objeto designado o concepto: a cada término debe corresponder siempre uno y el mismo objeto/concepto designados; y cada objeto/concepto designado debe manifestarse siempre con el mismo término. Lo segundo se logra dando valor universal al término, negando su raigambre lingüística y cultural.

La necesidad de hacer del término técnico un signo válido para todos los seres humanos y de significado fijo y preciso se encuentra en los orígenes del pensamiento filosófico sobre la lengua, que ciertamente no era un pensamiento sobre las lenguas ordinarias, tal como son, sino sobre una especie de "ortolengua" general, que debía eliminar tanto la polisemia característica de los vocablos ordinarios, como la posibilidad de mentir en una predicación acerca del mundo real. Dicho de otra manera, el pensamiento filosófico sobre la lengua y sobre el término especializado ha sido siempre parte de la lógica, y ésta se plantea el discurso científico no como un discurso elaborado en cualquier lengua, sino como una sucesión de predicados, cuya sintaxis controlan las formas silogísticas o las reglas de inferencia, y cuyos términos, concebidos como variables de un cálculo, se someten a una "teoría de la definición", es decir, a una doctrina de la manera en que el término debe manifestar los objetos o los conceptos a propósito de los cuales se predica algo.

Son varias las "teorías de la definición": desde la de Aristóteles, pasando por la de Pascal a las de Carnap, Quine, Hempel o Richard Robinson[21]. No me detendré en sus varias clasificaciones de tipos de definición. Para el caso que me ocupa, que es la formación del término especializado, distinguiré solamente las "descriptivas" (siguiendo a Hempel) y las "estipulativas", que también podrían llamarse "nominales". En el primer grupo se encuentran todas aquellas que se basan en vocablos existentes de la lengua ordinaria, como los tratados en el parágrafo anterior. En el segundo las que dan lugar a la creación arbitraria y convencional de términos.

El ideal de biunivocidad de las teorías de la definición se manifiesta mejor en estas últimas, llamadas *definiciones estipulativas o nominales*. Un ejemplo que se quiso perfecto de definición y creación nominal es el de *quark*, un término inventado por el físico Murray Gell-Mann. Un *quark* es una partícula elemental de la materia, a la vez que la antipartícula simétricamente correspondiente. En español, no es una palabra, como tampoco lo era en ninguna otra lengua,

[21] Véase de éste, *Definition*, Clarendon Press, Oxford, 1954 y su bibliografía, así como la *Filosofía de la ciencia natural*, de Carl Hempel, Alianza Universidad, Madrid, 1973.

según Gell-Mann, pues precisamente se trataba de formar un término absolutamente convencional y arbitrario, que no produjera reminiscencias significativas en ninguna lengua. A pesar de Gell-Mann, muchas personas se dieron a la tarea de buscar a qué lengua pertenecía el término. Hubo quienes pensaron en el *quark* alemán, que es una especie de requesón, que se toma en el desayuno. Más tarde, y para contrarrestar lo que venía a ser un esfuerzo de semantización del término, Gell-Mann mismo tuvo que explicar que simplemente había tomado la palabra de *Dubliners* de James Joyce, en donde es onomatopéyica del croar de las ranas y que su significado en el inglés de Irlanda no tenía nada que ver con las partículas subatómicas que estaba bautizando. En casos como éste, y sólo en ellos, la cultura parece ceder ante el ideal terminológico antilingüístico de la ciencia.

Siguiendo con el mismo esfuerzo de absoluta arbitrariedad y convencionalidad de los términos, los físicos anglohablantes han llamado a los *quarks* de diferente carga eléctrica *up*, *down*, *charm*, *strange*, *top* y *bottom*. Resulta perturbadora la combinación de palabras inglesas que pueden tener significado en física (*up*, *down*, *top* y *bottom*) con palabras que no parecen tenerlo: *charm* y *strange*. Mientras que *quark* no se tradujo a otras lenguas (misión imposible, dada su arbitrariedad), las otras sí: *arriba*, *abajo*, *cima*, *valle*, *encanto* y *extraño* (en el *Diccionario enciclopédico Grijalbo*).

El efecto de esta invención de términos técnicos, realizada de acuerdo con el ideal de la definición científica resulta contradictorio: por un lado, se busca que *quark* no quiera decir nada en ninguna lengua. Que no tenga poder evocador, que no forme parte de una cultura y pueda designar, sin problema, una partícula teórica tan extraña como la que propuso Gell-Mann. Por el otro, en cambio, los quarks llamados *encantos* y *extraños*, adquieren un valor semántico diferente de los llamados *arriba* y *abajo*, y a la vez diferente de los llamados *cima* y *valle* (si se conservara, en español, *top* y *bottom* con palabras como *alto* y *bajo*, su valor significativo estaría en paralelo con los *arriba* y *abajo*). La física contemporánea se crea así un conflicto terminológico que debe perturbar a la creación científica, pues mientras que la relativamente lograda arbitrariedad y convencionalidad extrema de *quark* hace que por tal palabra sólo se entienda el concepto teórico creado por Gell-Mann, la utilización de vocablos de lenguas reales para clasificar los quarks introduce los significados ordinarios al pensamiento y a la imaginación científica. ¿Corresponden las denominaciones *arriba*, *abajo*, etc. a posiciones espaciales de las partículas elementales? Lo dudo mucho: todas esas partículas son dinámicas y aparecen como resultado de la fisión nuclear; tendrán quizás una posición espacial solamente en los esquemas explicativos de la física de altas energías. Sin embargo, el espesor significativo de esos términos, y aun más el de *encanto* y *extraño* pueden volverse verdaderos obstáculos epistemológicos al conocimiento, tal como los explica Gastón Bachelard en *La formación del espíritu científico* (cap. 4)[22]. La cultura parece tomar venganza.

Lo que sucede con la realidad de muchos términos científicos es que precisamente el hecho de ser signos lingüísticos los sitúa en la semántica de cada lengua y los muestra como casos normales de significación lingüística. Por eso la búsqueda de una motivación para el *quark* de Gell-Mann y la rendición a ese fenómeno por parte de los que clasificaron posteriormente los quarks. Aunque les pese a los teóricos científicos de la definición de términos, el acto de significación en la ciencia y en la técnica modernas es el mismo acto de siempre. La diferencia importante está solamente en que el término se elabora a partir de una racionalidad científica, que deslinda inmedia-

[22] En pocas palabras, el "obstáculo epistemológico" de Bachelard en relación con la lengua, consiste en tomar por un hecho lo que sólo se desprende del nombre del objeto, es decir, de su significado. Un ejemplo contemporáneo muy claro es el "agujero negro", que por su nombre lleva a pensar que se trata, en efecto, de agujeros en el espacio cósmico a través de los cuales se podría viajar, cuando, según los cosmólogos, estos "agujeros" son acumulaciones de materia tan densa, que ni siquiera emiten radiaciones, razón por la cual, para el radio-telescopio, se "ven" como "agujeros" totalmente oscuros en un espacio iluminado por los astros.

tamente su abstracción y su interés universalista en relación con las lenguas particulares. Es la desconfianza tradicional del pensamiento filosófico sobre las lenguas la que busca abstraer el espesor significativo de los signos lingüísticos, creado por la cultura. Digamos que despeja la influencia de la cultura desde un nivel de racionalidad y universalidad propio de su otra creación: la *civilización*. La civilización nace en la cultura como efecto de una razón objetivante y operativa; pero en cuanto producto de una racionalidad, la civilización nace de una crítica de la cultura, de una superación de ella en favor de valores racionalmente establecidos como universales. Por eso no se puede aceptar el juego de oposiciones de los que partió esta exploración de la teoría del término: ciencia y cultura, particularidad y universalidad, signo y concepto no son conceptos antagónicos. Lo que hace falta es situarlos adecuadamente en una comprensión integral de la significación.

Que el trabajo técnico del terminólogo lo lleve a construir esquemas ordenados de la manera en que los significados de los términos se relacionan entre sí, como sucede con los métodos de Wüster, no niega la correcta comprensión de la manera en que el término se elabora en diferentes actos de significación. No se debe confundir un método terminológico y sus productos, con la realidad de la semántica de los términos. Los esquemas que organizan, por ejemplo, sierras de carpintero y de leñador (en Wüster, *op. cit.*,

p. 139) no se deben considerar organizaciones conceptuales pre-existentes a la formación de los términos, de las cuales "debieran" derivar los términos "correctos"; la organización "onomasiológica" de un vocabulario especializado es solamente un orden necesario para el método de trabajo.

BIBLIOGRAFÍA

Bachelard, Gastón, *La formación del espíritu científico, contribución a un psicoanálisis del conocimiento objetivo*, trad. José Babini, Siglo XXI, México, 1979 (1a. ed. en español, 1948).

Baldinger, Kurt, *Teoría semántica: hacia una semántica moderna*, Alcalá, Madrid, 1970.

Ballón Aguirre, Enrique, R. Cerrón Palomino y E. Chambi Apaza, *Vocabulario razonado de la actividad agraria andina. Terminología agraria quechua*, Monumenta linguistica andina, Cusco, 1992.

Basalenque, Fray Diego de, *Arte y vocabulario de la lengua matlaltzinga vuelto a la castellana*, versión paleográfica de M.E. Bribiesca, con un estudio preliminar de Leonardo Manrique, Biblioteca enciclopédica del Estado de México, México, 1975.

Benveniste, Émile, *Le vocabulaire des institutions indo-européennes*, Minuit, París, 1969, 2 ts.

Berlin, Brent y Paul Kay, *Basic color terms: their universality and evolution*, Univ. of California Press, Berkeley, 1969.

Beuchot, Mauricio, *La filosofía del lenguaje en la Edad Media*, UNAM, México, 2a. ed. corr. y aum., 1991.

Bloomfield, Leonard, *Language*, Holt, Rinehart and Winston, New York, 1933.

—, *Linguistic aspects of Science*, International Encyclopaedia of Unified Science, Chicago University Press, 1939.

Bochenski, J.M., *Die zeitgenössischen Denkmethoden*, Bern, 1965.

Bühler, Karl, *Teoría del lenguaje*, trad. Julián Marías Revista de Occidente, Madrid, 1967 (1ª ed. alemana, Jena, 1934).

Bybee, Joan L. y Carol Lynn Moder, "Morphological Classes as Natural Categories", *Language,* 59 (1983), 251-270.

Cabré, Ma. Teresa, *La terminología. Teoría, metodología, aplicaciones*, Antártida/Empúries, Barcelona, 1993.

—, *Terminologia. Selecció de textos d'E. Wüster*, Universitat de Barcelona, Barcelona, 1996.

Carnap, Rudolf, "Beobachtungssprache und theoretische Sprache", en *Logica. Studia Paul Bernays Dedicata*, Neuchatel, 1959, pp. 32-44.

—, "Replies and systematic expositions", en P.A. Schilpp (ed.), *The philosophy of Rudolf Carnap,* La Salle, Ill., 1959.

Coleman, Linda y Paul Kay, "Prototype semantics: The English Word *lie*", *Language,* 57 (1981), 26-44.

Corominas, Joan y José Antonio Pascual, *Diccionario crítico-etimológico castellano e hispánico,* Gredos, Madrid, 1991.

Coseriu, Eugenio, "Pour une sémantique diachronique structurale", *Travaux de Linguistique et de Littérature,* 2 (1964), 139-186.

——, "Structure lexicale et enseignement du vocabulaire", *Actes du 1er. Colloque International de Linguistique Appliquée,* Nancy, 1966, pp. 175-217.

——, "Semántica estructural y semántica «cognitiva»", en *Jornadas de filología. Homenaje a Francisco Marsá,* Universidad de Barcelona, 1990, pp. 239-282.

Chomsky, Noam, *Aspects of the Theory of Syntax,* MIT Press, Cambridge, Mass., 1965.

——, *Cartesian Linguistics. A Chapter in the History of Rationalist Thought,* Harper and Row, New York, 1966.

——, *The Logical Structure of Linguistic Theory,* Plenum Press, New York, 1975.

Esparza, Miguel Ángel y Ramón Sarmiento, *Gramática castellana de Elio Antonio de Nebrija,* introducción y notas de..., Fundación Antonio de Nebrija, Madrid, 1992.

Frenk, Margit, "Sobre polisemia y homonimia infantiles", en Hans Flasche (ed.), *Litterae Hispanae et Lusitanae*, Max Hueber Verlag, München, 1967, pp. 153-171.

Garver, N., "Varieties of Use and Mention", *Philosophy and Phenomenological Research*, 26 (1965), 230-238, reprod. en Zabeeh *et al.* (eds.), *Readings in Semantics*, 96-104.

Geeraerts, Dirk, "Les donnés stéreotypiques, prototypiques et enciclopédiques dans les dictionnaires", *Cahiers de Lexicologie*, 46 (1985), 27-43.

——, "Where Does Prototypicality Come From?", en Rudzka-Ostyn, Brygida (ed.), *Topics in Cognitive Linguistics*, John Benjamins, Amsterdam, 1988, pp. 207-229.

Gödel, K., "Über formal unentscheidbare Sätze der *Principia mathematica* und verwandter Systeme", *Monatshefte für Mathematik und Physik*, 38 (1931), 173-198.

Gross, Maurice y André Lentin, *Notions sur les grammaires formelles*, Gauthier-Villars, París, 1970.

Habermas, Jürgen, *Strukturwandel der Öffentlichkeit. Untersuchungen zu einer Kategorie der bürgerlichen Gesellschaft*, Suhrkamp, Frankfurt, 1966.

——, *Teoría de la acción comunicativa*, trad. M. Jiménez R. Taurus, Madrid, 1987 (1a. ed. alemana 1981).

——, *Pensamiento postmetafísico*, trad. M. Jiménez R., Taurus, México, 1990 (1a. ed. alemana 1988).

Hallig, Rudolph y Walther von Wartburg, *Système raisonné des concepts pour servir de base à la lexicographie,* Akademie Verlag, Berlín, 1963.

Harris, Zellig, *Structural Linguistics*, University of Chicago, Chicago, Ill., 1951.

Harrison, Bernard, *Meaning and Structure. An Essay in the Philosophy of Language*, Harper and Row, New York, 1972.

Hays, David, "An Introduction to Computational Procedures in Linguistic Research", en *Automatic Translation of Languages*, Papers presented at NATO Summer School held in Venice, July 1962, pp. 139-166.

Heger, Klaus, *Monem, Wort, Satz und Text*, Niemeyer, Tübingen, 1971.

——, "Las bases metodológicas de la onomasiología y de la clasificación por conceptos", en *Teoría semántica II*, pp. 1-32 [en alemán, en *ZRPh,* 80 (1964), 486-516].

——, "La semántica y la dicotomía de lengua y habla", en *Teoría semántica II*, pp. 135-210 [en alemán, en *ZRPh,* 85 (1969), 144-215].

——, *Teoría semántica. Hacia una semántica moderna*, II, trad. José Luis Rivarola, Alcalá, Madrid, 1974.

——, *Sprachvergleich und Semantik. Das Beispiel der grammatischen Kategorien 'Person' und 'Numerus'*, C. Winter Universitätsverlag, Heidelberg, 1980.

——, "Noemes as tertia comparationis in language comparison", *Alfa*, 3-4 (1990-91), 37-61.

Hempel, Carl G., *Filosofía de la ciencia natural*,

trad. Alfredo Deaño, Alianza Universidad, Madrid, 1973.

Hilbert, David y P. Bernays, *Grundlehre der Mathematik*, Berlín, 1934.

Hjelmslev, Louis, *Prolegomena to a Theory of Language*, trad. F.J. Whitfield, suppl. to *IJAL*, XIX,1, Indiana University Publications in Anthropology and Linguistics (original danés *Omkring Sprogteoriens Grundlaeggelse*, Akademisk Forlag, Kobenhavn, 1943).

——, "La stratification du langage", en *Essais linguistiques*, Minuit, París, 1971 [1a. ed. *Word*, 10 (1954), 163-188].

——, "Pour une sémantique structurale", *Proceedings of the VIII Congress of Linguists*, Oslo, 1958.

Juilland, Alphonse, *Outline of a General Theory of Structural Relations*, Mouton, The Hague, 1961.

Kambartel, Friedrich y Hans Julius Schneider, "Constructing a Pragmatic Foundation for Semantics", en *Contemporary Philosophy. A new Survey*, M. Nijhoff Publishers, The Hague, 1981, t. I, pp. 155-178.

Kempton, Willett, "Categorías etnosemánticas de la alfarería tlaxcalteca", en *Historia y sociedad en Tlaxcala*, Gobierno del Estado de Tlaxcala/Universidad Iberoamericana, 1986, pp. 238-246.

Körner, E.F. Konrad, "The Problem of Metalanguage in Linguistic Historiography", *Studies in Language*, 17 (1993), 111-134.

Kubczak, Hartmut, "Vorschlag zur Unterscheidung von langue, metasprache und metaebene", *ZGL*, 3 (1975), 314-322.

Laca, Brenda, "La semántica de prototipos. ¿Hacia una lingüística de las cosas?", *Relaciones* (Montevideo), 1 (1984), 9-10.

Langacker, Ronald, *Foundations of Cognitive Grammar, I: Theoretical Prerequisites*, Stanford University Press, Stanford, 1987.

—, *Foundations of Cognitive Grammar*, Indiana University Press, Bloomington, 1983.

Laplanche, J. y J.B. Pontalis, *Diccionario de psicoanálisis*, Labor, Barcelona, 1979 (primera edición en francés, 1968).

Lara, Luis Fernando, "Méthode en lexicographie: valeur et modalité du dictionnaire de machine", *Cahiers de Lexicologie*, 29 (1976), 103-128.

—, "Del análisis semántico en lexicografía", en L.F. Lara, R. Ham Chande e I. García Hidalgo, *Investigaciones lingüísticas en lexicografía*, El Colegio de México, México, 1980.

—, *Dimensiones de la lexicografía. A propósito del Diccionario del español de México*, El Colegio de México, 1990.

—, "Los cauces de la semántica contemporánea", *Memorias del II Encuentro de Lingüística en el Noroeste,* Universidad de Sonora, Hermosillo, 1994, pp. 9-20.

——, "Los límites del formalismo en semántica lingüística", *Lexis*, 17 (1993), 193-217.

——, "La ecuación sémica con ser y significar: una exploración de la teoría del estereotipo", en *Reflexiones lingüísticas y literarias*, R. Barriga y J. García Fajardo (eds.), El Colegio de México, México, t. 1, 1992, pp. 211-230.

——, *Teoría del diccionario monolingüe*, El Colegio de México, México, 1997.

——, "*Syntactic Structures* en perspectiva crítica", en L.F. Lara (comp.), *Estructuras sintácticas 40 años después*, El Colegio de México, México, 2000.

László, Ervin, "Is the Primary-Language an Object-language?", *Foundations of language*, 11 (1965), 3.

León-Portilla, Ascensión H. de, "Nebrija y el inicio de la lingüística mesoamericana", *Anuario de Letras*, 33 (1995), 205-223.

Lewis, D., "General Semantics", en D. Davidson, y G. Harman (eds.), *Semantics of Natural Language,* D. Reidel, Dordrecht, 1971, pp. 169-218.

Lieb, Hans Heinrich, *Sprachstadium und Sprachsystem,* Kohlhammer, Stuttgart, 1970.

Lorenz, Kuno, *Elemente der Sprachkritik. Eine Alternative zum Dogmatismus und Skeptizismus in der analytischen Philosophie*, Suhrkamp, Frankfurt, 1971.

Lyons, John, *Semantics*, Cambridge University Press, Londres, 1977.

Martinet, André, *Éléments de linguistique générale*, Armand Colin, París, 1960.

Merleau-Ponty, Maurice, *Phénoménologie de la perception*, Gallimard, París, 1945.

Mervis, Carolyn B. y Eleanor Rosch, "Categorization of Natural Objects", *Annual Review of Psychology*, 32 (1981), 89-115.

Montague, Richard, *Formal Philosophy. Selected Papers of Richard Montague,* Yale University Press, 1974.

Nida, Eugene, *Componential Analysis of Meaning. An Introduction to Semantic Structures*, Mouton, The Hague, 1975.

Ogden, C.K. e I.A. Richards, *El significado del significado. Una investigación sobre la influencia del lenguaje en el pensamiento y sobre ciencia simbólica*, trad. Paidós, Buenos Aires, 1964 [1a. ed. inglesa 1923].

Piaget, Jean y Bärbel Inhelder, *La répresentation de l'éspace chez l'enfant*, Presses Universitaires de France, París, 1947.

Pike, Kenneth y Ruth M. Brend, *Tagmemics*, Mouton, París, 1976.

Pottier, Bernard, *Recherches sur l'analyse sémantique en linguistique et en traduction mécanique,* Publications linguistiques de la Faculté des Lettres et Sciences Humaines de Nancy, 1963.

——, "Hacia una semántica moderna", en *Lingüística moderna y filología hispánica,* Gredos, Madrid,

1968, pp. 99-135 (Versión española de "Vers une sémantique moderne", *Travaux de Linguistique et de Littérature* 2, 1964, 107-137).

Pulman, S.G., *Word Meaning and Belief*, ABLEX Publishing Corp., New Jersey, 1983.

Putnam, Hilary, *Mind, Language and Reality. Philosophical Papers*, t. II, Cambridge University Press, Cambridge, 1975.

Quine, Willard V.O., "Use versus mention", en *Mathematical logic*, reproducido en Zabeeh *et al.* (eds.), *Readings in semantics*, 91-94.

Rastier, François, "La sémantique cognitive. Éléments d'histoire et d'épistémologie", *Histoire, Épistémologie, Langage*, 15 (1993), 153-187.

Rey, Alain, *Théories du signe et du sens. Lectures*, t. I, Klincksieck, París, 1973.

——, *La terminologie. Noms et notions*, P.U.F., París, 1979.

Rey-Debove, Josette, "Les relations entre le signe et la chose dans le discours métalinguistique: être, s'appeler, désigner, signifier et se dire", *TraLiLi*, 7 (1969), 113-129.

——, *Étude linguistique et sémiotique des dictionnaires français contemporains*, Mouton, The Hague, 1971.

——, *Le métalangage. Étude linguistique du discours sur le langage*, Le Robert, París, 1978.

——, "Prototypes et définitions", en *Écriture et formalismes*, *DRLAV*, 41 (1989), 143-167.

Robinson, Richard, *Definition*, Clarendon Press, Oxford, 1954.

Rosch, Eleanor, "Human Categorization", en N. Warren (ed.), *Studies in Cross-Cultural Psychology*, Academic Press, London, 1977, t. I, pp. 1-49.

Saussure, Ferdinand de, *Cours de linguistique générale*, Ch. Bally, A. Riedlinger y A. Sechehaye (eds.), Payot, París, 1915.

Schneider, Hans-Julius, *Pragmatik als Basis von Semantik und Syntax,* Suhrkamp, Frankfurt, 1975.

Schwarze, Christoph, "Stereotyp und lexikalische Bedeutung", *Studium Linguistik,* 13 (1982), 1-16.

Searle, John, *Speech acts. An Essay in the philosophy of language,* Cambridge Univ. Press, 1969.

Spang-Hanssen, Henning, *Recent Theories on the Nature of the Language Sign*, Nordisk sprog- og Kulturforlag, Copenhagen, 1954.

Strawson, P. F., "Carnap's views on constructed systems versus natural languages in analytic philosophy", en P.A. Schilpp (ed.), *The Philosophy of Rudolf Carnap,* Londres, 1963.

Tarski, Alfred, "The semantic conception of truth and the foundations of semantics", *Philosophy and Phenomenological Research*, 4 (1944), 341-376.

Taylor, John R., "The Conceptualisation of Vertical Space in English: The Case of tall", en Brygida Rudzka-Ostyn (ed.), *Topics in Cognitive Linguistics*, John Benjamins, Amsterdam, 1988, pp. 379-402.

Taylor, John R., *Linguistic Categorization. Prototypes in Linguistic Theory*, Clarendon Press, Oxford, 1989.

Thom, René, *Stabilité structurelle et morphogénèse*, Interéditions, París, 1977.

Uexküll, Jakob von y Georg Kriszat, *Streifzüge durch die Umwelten von Tieren und Menschen. Bedeutungslehre*, Fischer, Frankfurt, 1983.

Ulldall, Hans-Jørgen, *Outline of Glossematics, Study in the methodology of the Humanities with special reference to Linguistics, Travaux du Cercle Linguistique de Copenhague*, Nordisk Sprog- og Kulturforlag, Copenhague, 1957.

Ullmann, Stephen, *Semántica. Introducción a la ciencia del significado*, trad. J.M. Ruiz-Werner, Aguilar, Madrid, 2a ed., 1967 [1a. ed. inglesa 1962].

Weinreich, Uriel, "Lexicographic definition in descriptive semantics", en Fred W. Householder y Sol Saporta, *Problems in lexicography, IJAL*, 28 (1962), pp. 25-44.

Whorf, Benjamin Lee, *Language, Thought and Reality. Selected Writings of Benjamin Lee Whorf*, John B. Carroll (ed.), MIT, Cambridge, Mass., 1956.

Wiegand, Herbert Ernst, "Was ist eigentlich ein Lemma? Ein Beitrag zur Theorie der lexikographischen Sprachbeschreibung", *Germ. Ling.*, 1-4 (1982), 401-474.

Wildgen, Wolfgang, *Catastrophe Theoretic Semantics: An Elaboration and Application of René Thom's Theory*, J. Benjamins, Amsterdam, 1982.

Wittgenstein, Ludwig, *Philosophische Untersuchungen,* G.E.M. Anscombe y R. Rhees (eds.), Basil Blackwell, Oxford, 1953.

Wüster, Eugen, *Einführung in die allgemeine Terminologielehre und terminologische Lexikographie*, Copenhagen School of Economics, 1985.

Zabeeh, F., E.D. Klemke y A. Jacobson (eds.), *Readings in semantics,* Univ. Illinois Press, Urbana, Ill., 1974.

Este facsimilar de
Ensayos de teoría semántica. Lengua natural y lenguajes científicos
es propiedad de El Colegio de México
y se terminó de imprimir en Librántida bajo el
modelo de distribución bajo demanda.
www.librantida.com

Made in the USA
Monee, IL
05 November 2026

67948869R00152